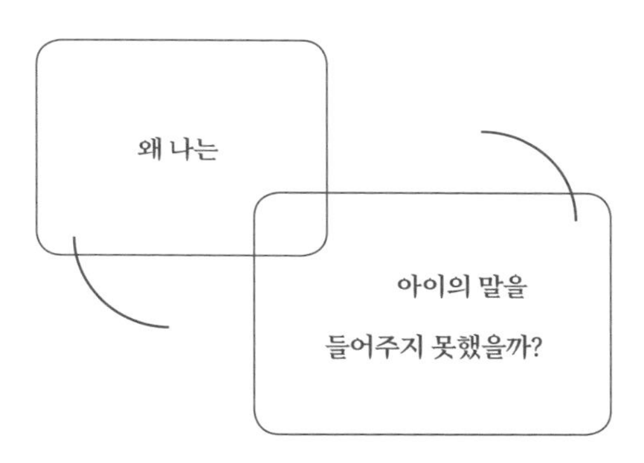
왜 나는
아이의 말을
들어주지 못했을까?

# 왜 나는 아이의 말을 들어주지 못했을까?

와쿠다 미카 지음
×
오현숙 옮김

길벗

프롤로그

## 스스로 생각하고 행동하는 아이의 뒤에는 잘 들어주는 부모가 있다

예전에 드라마를 보는데 이런 대사가 귀에 들어오더군요

"옛날 임산부들은 지금보다 힘들지 않았어요. 엄마 말만 잘 들으면 됐으니까요."

그 대사는, 옛날에는 부모가 하라는 대로만 하면 모든 일이 순조로웠지만 지금은 가치관이 다양해지고 사람마다 옳고 그름의 기준도 달라져 아이를 낳고 기르기가 쉽지 않다는 의미였습니다.

물론 가치관이 다양해진 만큼 정보도 다양해져 좋은 면도 있지만, 쏟아지는 정보에 휘둘리는 일도 종종 생깁니다. 책만 봐도 그렇습니다. 서점에 가서 보면 《효과적으로 야단치기》라는 책 옆에 《야단치지 않고 아이 기르기》라는 책이 나란히 놓여 있어서 야단을 치며 아이를 길러야 하는지, 야단을 치면 안 되는지 갈피를 잡을 수가 없습니다. 책을 고르다가 결론은 얻지 못하고 눈덩이처럼 커진 혼란만 안고 집에 돌아오기 일쑤입니다.

나는 초등학교에서 교사생활을 하다가 그만두고 지금은 개별 상담과 강좌, 강연을 통해 부모들의 고민을 듣고 해결책을 제시해주고 있습니다. 지금까지 만난 부모들만 해도 무려 5천 명이 넘습니다.

부모들과 만나면서 느낀 것은 착실하고 열성적인 부모일수록 육아를 할 때 적정 수준을 지나치기 쉽다는 사실이에요. 게다가 옳고 그름의 잣대가 다양해지고 해결 방법이 늘어나다 보니 어느 쪽을 따라야 하는지 갈피를 못 잡는 경우가 허다합니다.

그런 부모들을 보면 '좋은 부모가 되어야 해', '훌륭한 아이로 키워야 해'라는 강박관념이 있는 것 같습니다. 육아 문제를 진지하게 생각하는 부모일수록 고민은 더 깊습니다. 그렇지만 정작 부모가 아이에게 해줄 수 있는 건 그리 많지 않습니다. '이것도 해주고 저것도 해줘야지' 하는 생각으로 아이를 대하면 아이를 대하는 태도는 그대로인 채 아이에게 요구만 하게 됩니다.

인간관계는 실로 단순합니다. 육아 문제도 다를 바 없습니다. 만일 여러분이 아이에게 늘 화만 내고 잔소리를 되풀이하며 '아이가 숫기도 없고 차분하지도 못하다'며 걱정하는 등 이런저런 육아 고민을 안고 있다면, 가장 먼저 아이가 하는 말에 귀를 기울이라고 말해주고 싶습니다. 아이가 하는 말을 잘 들어주기만 해도 별 탈 없이 아이가 커간다는 것은 내가 이미 경험을 통해 깊이 깨우친 사실입니다.

아이가 하는 말을 귀 기울여 듣는 것은 아이를 있는 그대로 받아들이는 일입니다. 그렇게 함으로써 부모와 자녀 사이에 신뢰가 쌓이고 그 신뢰를 거름 삼아 아이의 심성도 형성됩니다.

풋내기 교사 시절에 담임으로 있던 반에 민재라는 아이가 있었습니다. 민재는 학교 오기를 싫어했습니다. 어쩌다 학교에 와도 울기만 했습니다. 다른 선생님들이 "저렇게 울기만 하니 어쩌면 좋아", "힘들겠지만, 파이팅!" 하고 격려해주었지만 막상 민재를 마주 대하면 나는 어찌할 바를 몰랐습니다. 내가 할 수 있는 일이라곤 민재가 하는 말을 공감하고 들어주는 것뿐이었습니다. 그러면서 한편으론 아무런 대책이 없는 나 자신을 한심하게 생각하며 속으로 울기도 했습니다.

그런데 한 달쯤 지나자 민재의 등교 거부가 슬그머니 줄어들더니 작문 시간에 '선생님, 학교가 재미있어졌어요'라는 글을 쓰더군요. 그 글을 보면서 얼마나 기뻤는지 모릅니다. 내가 한 일이라곤 민재가 하는 말을 '들어주고' 있는 그대로 '받아들인' 것뿐이었습니다. 그런데 그것만으로도 민재와 나 사이에 저절로 신뢰가 쌓이고, 더 나아가 민재는 학교생활의 즐거움을 찾은 것입니다.

민재를 통해 깨달은 것이 하나 더 있습니다. 아이들은 누구나 자신의 문제를 해결할 능력을 가지고 태어나는데 그 능력을 끄집어내는 비결도 '들어주기'라는 사실입니다. 민재도 훌쩍이며 나에게 이런저런 이야기를 하면서 스스로 해결책을 찾아낸 것이었어요.

'칭찬'과 '꾸짖음'이 아이들에게 어떤 영향을 주는지에 대해서는 교사생활을 하면서 꾸준히 모색해왔습니다. 그 결과 칭찬을 하든 꾸짖든 중요한 것은 훈육하는 요령임을 알게 되었습니다. 아이를 억지로 바꾸려고 해서는 안 됩니다. 칭찬이나 야단은 아이가 자기답게 성장하도록 도와주기 위한 것이지, 아이를 부모의 생각대로 움직이기 위한 것이 아니니까요. 인정하고, 가르치고, 전달하고, 생각하게 하고, 함께 이야기하는 과정을 통해서 '스스로 생각하고 행동할 수 있는 아이'로 성장시켜야 합니다.

이 책에 담긴 메시지가 여러분의 행복한 육아에 도움이 되기를 바랍니다.

와쿠다 미카

목차



1장

## 꾸짖기에 앞서 아이의 말을 들어주면 자기긍정의 힘이 커진다

2장

## 아이의 말에 귀 기울이고 칭찬해주면 자립심이 쑥쑥 자란다

3장

## 육아 궁금증 Q&A
## “이럴 땐 어떻게 하지?”

## '듣기'가 바탕이 되면
## 아이의 마음은 힘차게 뻗어간다!

### 마음밭을 다져준다 ◦ 들어주기

들어주기의 첫째 목적은 '아이를 있는 그대로 받아들이는 것(존재 수용)'입니다. 이는 상대를 받아들이고 존중하는 마음가짐입니다. 어떤 식물이든 땅이 좋아야 쑥쑥 크듯 마음밭이 든든한 아이가 더 단단히 성장합니다.

### 싹을 키운다 ◦ 칭찬하기, 인정하기, 꾸짖기

싹을 키우려면 물 주기는 필수입니다. 육아에서 물 주기는 '칭찬하기, 인정하기, 꾸짖기'입니다. 또 장미는 장미답게 나팔꽃은 나팔꽃답게 꽃을 피우게 하려면 어떤 비료를 어떻게 주면 좋을지를 결정해야 하는데, 그러려면 매일 아이를 세심하게 관찰해야 합니다.

### 자기다운 꽃을 피우게 한다 ◦ 질문하기, 함께 이야기하기

자기다운 꽃을 피우기 위해서는 먼저 잎이나 줄기가 뻗어갈 방향을 살펴봐야 합니다. 가장 효과적인 방법은 질문하고 이야기를 나누는 것입니다. 아이에게 "넌 어떻게 하고 싶니?", "어떻게 생각해?"라고 묻고 함께 이야기하는 가운데 아이는 자신이 나아가고 싶은 방향에 대해 생각해볼 것입니다. '스스로 생각해서 결정했다'는 경험은 아이의 성장에 큰 힘이 됩니다.

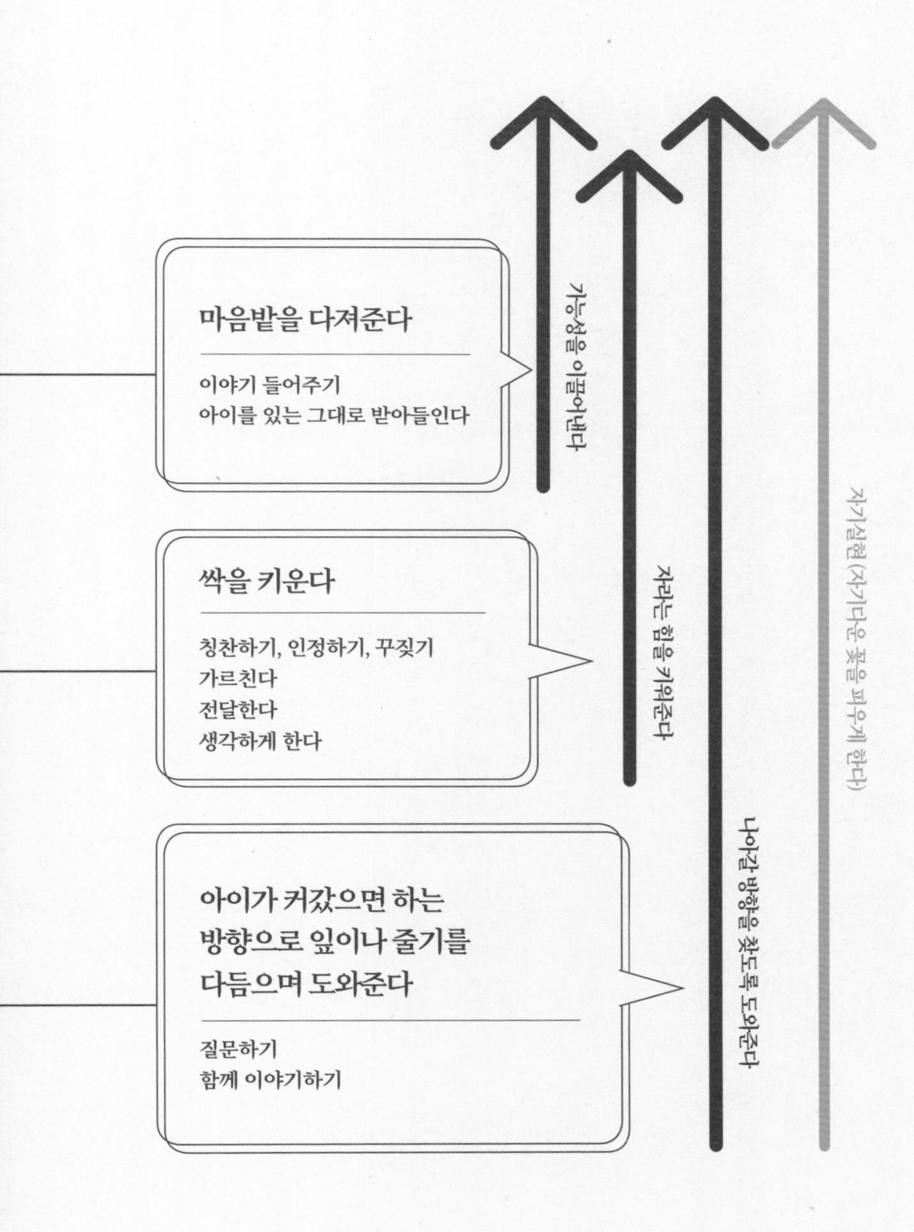

마음밭을 다져준다
이야기 들어주기
아이를 있는 그대로 받아들인다
싹을 키운다
칭찬하기, 인정하기, 꾸짖기
가르친다
전달한다
생각하게 한다
아이가 커갔으면 하는 방향으로 잎이나 줄기를 다듬으며 도와준다
질문하기
함께 이야기하기
가능성을 이끌어낸다
자라는 힘을 키워준다
나아갈 방향을 찾도록 도와준다
자기실현(자기다운 꽃을 피우게 한다)

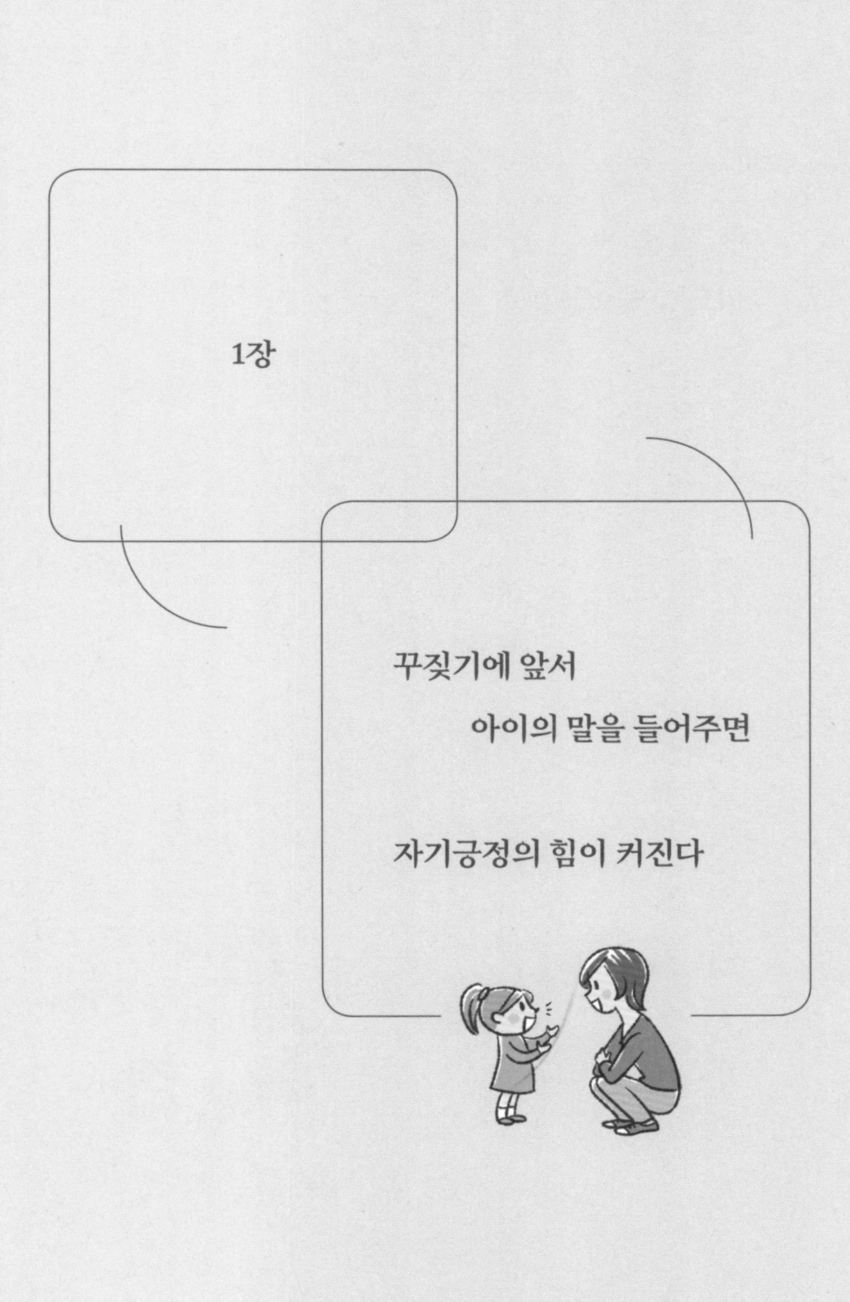

# 1장

# 꾸짖기에 앞서 아이의 말을 들어주면 자기긍정의 힘이 커진다

#1

## 왜 그랬는지

## '의도'를 물어보세요

부모들을 대상으로 육아 강의를 할 때면 이런 질문을 자주 받습니다.

"화내는 거랑 꾸짖는 거랑 뭐가 달라요?"

둘의 차이를 한마디로 정리하면 '목적이 다르다'입니다. 화를 내는 이유는 대부분 부모 자신 때문입니다.

- **아이에게 감정을 쏟아붓고 나면 속이 후련해진다.**
- **아이를 내 생각대로 통제하면 안심이 된다.**
- **뭔가 문제가 생기면 아이 탓으로 돌린다.**

꾸짖는 이유는 대부분 아이를 위해서입니다.

- **아이가 자라서 사회생활을 즐겁게 하도록 필요한 '규칙'을 가르친다.**
- **아이가 건강하게 성장하기를 바라는 마음을 아이에게 전달한다.**
- **스스로 생각하는 힘을 길러주기 위해 아이에게 질문이나 생각거리를 던져준다.**

그래서 아이가 건강하게 쑥쑥 자라기를 바란다면 소리 지르며 화를 내기보다는 의연하게 꾸짖어야 합니다.

만일 부모가 화만 낸다면 아이는 그 모습을 보며 이런 생각을 할 거예요.

- **화를 내는 사람의 말을 듣지 않으면 큰일 난다.**
- **기분 나쁜 표정을 짓고 있으면 내가 원하는 것을 얻을 수 있다.**

아이에게 절대 화를 내서는 안 된다는 말이 아닙니다. 화내기보다 꾸짖기를 권유하는 것입니다. 하지만 부모도 사람이라 바쁘거나 컨디션이 좋지 않으면 자기도 모르게 화를 내게 됩니다. 그 경우엔 자신의 감정을 잘 추스르지 못해서 아이에게 화를 내고 말았다는 사실을 스스로 알아채고 의식해야 합니다. 반드시 그래야 합니다. 그렇지 않고 '화내고 싶지 않은데 아이를 위해서 화를 냈다'고 합리화하면 아이의 작은 실수에도 화를 내고 나무라는 일이 잦아집니다.

아이에게 화를 내는 것은 부모가 아이의 마음에 응석을 부리는 것이나 다름없습니다. 같은 행동을 다른 집 아이가 하면 화를 내지 않고 자기 아이에게만 유독 화를 내는 부모가 많은데, 그것은 '화'라는 감정이 마음 편한 대상이나 장소에서만 분출되기 때문입니다. 예를 들어, 아이가 친구와 놀다가 싸웠을 때 자기 아이만 혼내는 것은 다른 집 아이를 혼냈다가 부모 간의 싸움으로 번질 수 있음을 알기에 그럴 가능성이 전혀 없는 우리 아이를 상대로 화를 푸는 거예요.

게다가 부모들은 '내 아이라면 내가 혼을 내고 못할 짓을 해도 부모인 나를 좋아해준다'는 사실을 잘 알고 있습니다. 실제로 부모가 무슨 짓을 해도 무슨 말을 해도 아이는 부모를 용서해주지요. 아이는 언제나 무조건적인 사랑으로 부모인 나를 감싸안아줍니다.

그러니 오늘 저녁에는 아이를 꼭 껴안고 이렇게 말해보세요.

"엄마(아빠)가 너무 심하게 말을 했지? 미안해. 늘 용서해줘서 고마워."

이 말을 들은 아이의 마음밭에 훈훈한 기운이 감돌 거예요.

# 무조건 화를 낸다

엄마 여기 봐.
어머!
벽에 낙서하면 지워지지 않는단 말야!
우와왕
이거 어떻게 할 거야.
진짜 최악이네. 물티슈로 지워지려나?
……
홱
힝~
야, 너 듣고 있어?
으앙~

아이의 의도에 귀 귀울인다

엄마 여기 봐.
어머!
봐봐~
화나봤자 지워지는 것도 아니니 우선 얘기를 들어보자.
(심호흡을 하고) 뭐 그렸어?
엄마 완전 좋아!
이렇게 썼어.
흐흐흐… 고마워. 앞으로는 종이에 써줘.
혼나지 않아서 다행이다.
엄마, 미안해.

# #2

## 아이의 생각을 읽어주면 엄마의 마음이 전해져요

부모 교육에 아이를 데리고 오는 엄마들이 가끔 있어서 나는 강의장 한 켠에 아이들만의 공간을 만들어둡니다. 네 살배기 세연이도 그렇게 만난 아이입니다.

세연이는 엄마가 강의를 듣는 동안 다른 아이들과 함께 놀고 있었습니다. 그런데 갑자기 아이들 사이에서 으앙~ 하는 울음소리가 터져 나왔습니다. 가서 보니 세연이가 친구한테 장난감을 빌려주지 않아 싸움이 난 모양이었습니다. 세연이의 엄마는 깜짝 놀라 큰 소리로 야단치기 시작했습니다.

"세연! 그 장난감, 친구한테 빌려줘. 넌 왜 언제나 그 모양이니? 그러면 안 되잖아!"

그러자 세연이가 서운하다는 듯 울면서 엄마를 콩콩 때렸습니다.

세연이가 엄마의 말을 이해하지 못한 걸까요? 아니면 정말 장난감 욕심이 많은 걸까요?

사실 네 살 때까지는 물건을 빌리고 빌려주는 것이 익숙하지 않습니다. 몇 년 지나면 선선히 빌려주고 빌리는 때가 오겠지만, 이 시기에는 '내 것도 내 것, 친구 것도 내 것'입니다.

세연이의 그런 생각을 내가 대신 표현해주기로 했습니다.

"세연이는 이 장난감이 마음에 들어?"

세연이는 다른 쪽을 보면서 고개를 끄덕였지만 표정은 한결 누그러진 듯 보였습니다.

"아직도 이 장난감을 가지고 놀고 싶은 거지?"

내 말이 끝나자마자 세연이는 나를 보며 "응!"이라고 말했습니다. 닫혀 있던 마음이 겨우 열린 것 같았습니다.

"그렇구나~. 예후가, 네가 이 장난감을 가지고 놀고 난 뒤에 빌려달라고 하는데 네 생각은 어때?"

세연이는 고개를 끄덕이더니 예후에게 장난감을 빌려주겠다고 약속했습니다.

부모의 눈에는 세연이의 행동이 욕심 많은 응석으로 보였을 것입니다. 하지만 세연이는 나름의 생각이 있었습니다. 세연이는 심술을 부린 게 아니라 단지 장난감을 더 가지고 놀고 싶었던 것뿐입니다.

이런 경우 대부분의 부모들은 '가만히 두면 안 되겠어. 나쁜 버릇은 고쳐야지'라고 생각하는데, 화가 치밀더라도 심호흡을 하면서 혼내고 싶은 마음을 참아야 합니다. 시각을 다투는 위급한 상황이 아니라면 아이의 마음을 알아내고 공감하는 것이 우선입니다.

그런 뒤에는 아이의 행동에 대해 나쁜 행동이라고 단정 짓지 말고 그렇게 행동하게 만든 마음을 아이 대신 말로 표현해 주세요. 그러면 아이는 '엄마(아빠)가 내 마음을 알아주는구나' 라고 생각해 마음을 열고 부모의 말을 잘 받아들입니다. 그러나 무턱대고 혼을 내면 아이의 머릿속에는 혼났다는 생각만 남고 마음은 굳게 닫히고 맙니다. 그러면 아무리 멋진 말로 아이를 타일러도 아이의 마음속으로 들어가지 않습니다.

그 일이 있은 후 세연이의 어머님이 이런 말씀을 하셨습니다.

"다른 엄마들이 애를 버릇없이 키운다고 생각할까 봐 아이의 마음을 헤아릴 여유가 없었어요. 그 일을 통해 아이의 생각을 존중해주는 것과 아이가 마음대로 하게 놔두는 것은 별개라는 사실을 알게 되었답니다."

그렇습니다. 아이의 마음을 알아주는 것은 아이가 제멋대로 하게 놔두는 것과는 엄연히 다릅니다. 아이의 생각에 귀를 기울이면 아이도 부모의 이야기에 귀를 기울입니다. 그러니 아이가 부모의 마음을 알아주기를 바란다면 우선 아이의 마음을 헤아려주세요.

#3

## 혼낼 땐 온화한 말투로 몇 번이고 반복해 말해요

햇병아리 교사 때의 일입니다. 아이들을 지도하느라 소리를 너무 질러 목이 쉰 적이 한두 번이 아니었어요. 그런 나를 보고 어느 날 선배 교사가 조언을 해주었습니다.

"그렇게 소리 지르며 말하지 않아도 돼요. 주의를 줄 때는 차분하게 타이르는 것이 좋아요. 그래야 아이들이 진지하게 들어준답니다."

'큰 소리로 주의를 줘도 애들이 들을지 말지인데……'라는 반발심이 생겼지만 당분간 선배 교사의 조언대로 해보았습니다. 그리고 얼마 지나지 않아 깨달았습니다. 내가 크게 소리를 지르면 아이들은 귀를 닫아버린다는 사실을요. 나의 큰 목소리에 몸이 경직되면서 '아, 선생님이 화가 났구나'라는 표정으로 나를 바라보는 아이들의 모습도 눈에 들어왔습니다.

그날 이후로 나는 아이들에게 주의를 줄 때면 차분하게 타이르려고 노력했습니다. 내 말을 따라주어야 할 때면 아이들이 내가 있는 쪽을 볼 때까지 기다렸고, 아이들이 귀를 열었다고 판단되면 얘기를 했습니다. 그랬더니 힘들게 소리 지를 필요가 없어졌고 아이들을 지도하는 것도 한결 수월해졌습니다.

이 소중한 깨달음을 육아에도 적용할 수 있습니다. 평소에 큰 소리를 내지 않고 조용조용 얘기를 하는 것입니다. 그러면 정말 따끔하게 얘기해야 할 때 아이가 긴장하고 부모 말에 귀를 기울이게 됩니다.

"우리 아이는 혼내지 않으면 아무것도 안 해요"라고 말하는 부모들이 많습니다. 정말 아이가 그렇다면 '혼나기 전까지는 안 해도 돼', '혼나면 해야지'라는 공식이 아이의 마음속에 만들어졌다는 의미일 수 있습니다. 아이는 부모의 목소리 억양이나 분위기에 따라 행동하기 때문입니다.

어느 수강생으로부터 이런 이야기를 들은 적이 있습니다.

"아이가 목욕탕 천장에 물을 뿌리며 노는 통에 늘 고래고래 소리를 지르며 혼을 냈어요. 그런데도 들어먹지 않더라고요. 하는 수 없이 방법을 바꿔서 '천장에 물 뿌리지 마'라고 타일러봤어요. 몇 차례 타일렀더니 그만두더라고요. 나중에 아이한테 물어보니 '매일 엄마가 큰 소리로 야단치긴 하는데 엄마가 무슨 소리를 하는지 잘 모르겠다'는 거예요. 제가 목청을 높여 야단친 게 헛수고였던 셈이죠. 어이가 없었어요."

그렇습니다. 큰 소리로 화를 내면 아이는 당장은 그 행동을 멈추지만 부모가 한 말의 의미는 이해하지 못하는 경우가 대부분입니다.

만일 평소에 아래와 같은 방식으로 아이를 대해왔다면 경고의 의미로 옐로 카드를 받아야 합니다. 아이의 귀가 닫힐 수 있는 실마리를 제공했으니 말이죠.

- **사소한 일에 화를 잘 낸다.**
- **나무라는 말투로 얘기한다.**
- **빠르고 강한 어조로 말한다.**

바쁠수록 돌아가라는 말이 있습니다. 당장은 화가 나도 아이의 눈을 보면서 천천히 마음을 전해보세요. 아이에게 '엄마(아빠)가 무서우니까, 엄마(아빠) 기분이 안 좋으니까 엄마(아빠)가 원하는 대로' 행동하는 습관이 생기면 부모는 점점 목소리를 높일 수밖에 없습니다.

부모 스스로도 자신의 마음의 소리를 들어보아야 합니다. 아무리 노력해도 짜증이 가라앉지 않고 그 짜증이 아이에게 향한다면 내 마음이 구조신호를 보내는 상태일 수 있습니다. '지쳤어, 쉬고 싶어', '나만의 시간이 필요해', '협조가 절실해'와 같은, 아이 때문이 아닌 다른 요인들이 켜켜이 쌓여서 마음이 힘들 수 있어요. 이럴 때는 용기를 내 가까운 사람에게 도와달라고 요청해보는 것이 좋습니다.

나도 비슷한 일이 있었습니다. 딸이 세 살쯤 되었을 때 남편이 바빠서 혼자 집안일과 육아를 담당했습니다. 그때 너무 힘들어서 보육시설을 이용했어요. 일주일에 몇 번, 몇 시간 동안 아이를 맡기고 혼자서 휴식을 하고 나면 기분이 좋아져 아이와 함께 있는 시간이 더 즐거웠던 기억이 납니다.

보육시설이 아니어도 좋으니 가끔 아이를 다른 사람에게 맡기고 부부가 함께 콘서트에 가거나 친구와 영화를 보는 식으로 육아에 지친 몸과 마음을 쉬어주세요. 하루 종일 아이를 돌보는 엄마라면 육아를 더 잘하기 위해서라도 자신만을 위한 시간을 꼭 마련해야 합니다.

### 한국의 '아이돌봄 서비스'

여성가족부에서 운영하는 아이돌봄 서비스는 만 3개월에서 만 12세 이하 아동의 가정에 아이돌보미가 찾아가 일대일로 아동을 안전하게 돌보는 서비스입니다. 야간·공휴일 상관없이 원하는 시간에 필요한 만큼 이용할 수 있습니다. 아이돌봄 서비스의 종류와 방법, 비용 등 자세한 사항은 여성가족부 홈페이지를 참고하세요.

아이돌봄 서비스 홈페이지 : www.idolbom.go.kr

#4

## 아이의 "그게 있잖아~"에 귀를 기울여요

마음에 안 드는 아이의 행동 때문에 잔뜩 화가 나 잔소리를 하다 보면 아이가 "그게 있잖아~"라며 무언가를 말하려 할 때가 있습니다. 이 말 속에는 아이들의 많은 '생각'이 숨어 있습니다. 그러니 그 말 뒤에 이어지는 얘기에 꼭 귀를 기울이세요. 그러면 아이의 마음은 따뜻함으로 채워지기 시작합니다.

하지만 부모는 아이의 "그게 있잖아~"를 듣는 순간 화가 더 치밀어 오르면서 "무슨 변명을 하려는 거야?"라고 소리를 지르기 일쑤입니다. 그러면 아이는 더 이상 말을 잇지 못합니다. 아이가 무언가 얘기하려는 것을 못 하게 막는 것은 아이의 마음을 들을 수 있는 좋은 기회를 놓치는 것입니다.

일본에서 열린 '제55회 전국 청소년 독서감상문 대회'에 이런 작품이 출품된 적이 있습니다. 이 작품은 《혼나지 않게 해주세요》라는 책을 읽고 초등학교 2학년 학생인 오히라 타쿠마가 쓴 글로 많은 부모의 마음을 울렸습니다. (출처: 〈생각하는 독서: 제55회 전국 청소년 독서감상문 대회 입선작. 초등학교 저학년 부문〉, 전국학교도서협회 편, 마이니치신문사 발행).

○ ○ ○

《혼나지 않게 해주세요》라는 책을 학교에서 선생님이 읽어주셨을 때 '나랑 똑같잖아?'라고 생각했다. 나도 늘 혼난다. 학교가 끝나면 혼자서 돌을 차면서 집으로 돌아온다.

동생이 울면 언제나 나만 혼난다. 아빠도 엄마도 나만 혼낸다. "그런데 그게 어떻게 된 거냐 하면……" 하고 설명을 하면 더 혼이 난다. 혼이 나면 너무 슬퍼진다. 왜 내 말을 들어주려 하지 않는지 야속해서 나도 모르게 눈물이 날 때도 있다. 이 동화의 마지막 장면에서 주인공이 '혼나지 않게 해주세요'라고 빈 소원이 이뤄져서 선생님도 엄마도 상냥해졌을 때 마치 내 소원이 이뤄진 것처럼 신이 나서 "야호!" 소리를 질렀다.

이 책이 너무 좋아서 엄마한테 사달라고 했다. 그리고 엄마한테 큰 소리로 읽어주었다. "타쿠마, 이 책을 왜 엄마한테 읽어줬어?"라면서 우는 엄마를 보고 깜짝 놀랐다. 잘 읽었다고 칭찬해줄 줄 알았는데 어떻게 된 거지? 엄마는 "엄마도 만날 타쿠마한테 화만 냈지? 미안해"라면서 꼭 안아주었다. '책이랑 똑같잖아?'라고 생각하고 있는데 동생까지 달려들어 나를 안아주었다. 뭐야, 진짜 책이랑 똑같이 되잖아?

갑자기 웃음이 나왔다. 책이랑 똑같이 행복한 기분이 들었다. '엄마가 화를 안 내니 기분이 좋네. 엄마가 상냥하게 해주니까 참으로 좋구나. 하느님이 소원을 들어줬으니까 나도 더 착한 아이가 돼야지'라고 다짐했다. 상냥하지만 나 때문에 우는 엄마보다, 상냥하면서 나 때문에 웃는 엄마가 더 좋으니까.

하느님! 나도 혼나지 않게 착한 아이가 되도록 노력할게요!

난 이제 받아쓰기 자신 있어요.

○ ○ ○

아이가 "그게 있잖아~"라고 말했을 때 귀를 기울이면 아이는 마음이 놓이면서 기쁘게 자신의 마음을 표현합니다. 변명이어도, 얼토당토않은 얘기여도 귀 기울여 들어주어야 합니다. 아이의 말에는 아이의 생각이 녹아 있거든요.

부모는 보통 자신의 생각을 아이가 알아주기를 바랍니다. 그래서 아이가 무슨 얘기를 하고 싶어 하는지를 알아채지 못할 수 있습니다. 하지만 아이 역시 엄마나 아빠가 알아줬으면 하는 것들이 많습니다. 그러니 "그게 있잖아~"라는 말에 깊숙이 숨어 있는 아이의 기분을 헤아려주세요. 슬프다, 분하다, 불안하다, 답답하다와 같은 감정들을 헤아려주세요. 아이의 행동에 화가 나겠지만 마음을 가라앉히고 아이의 기분을 함께 느껴보세요.

무엇이 느껴지나요?

## 아이의 "그게 있잖아~"에 귀 기울이지 않는다

## 아이의 "그게 있잖아~"에 귀를 기울인다

#5

## 감정에는 공감의 YES를, 행동에는 엄격하게 NO를

아이의 감정을 함께 느끼고 아이의 생각에 귀를 기울이는 것, 이것이 바로 '공감'의 기본 자세입니다. 그런데 무턱대고 공감해주면 아이가 좋은 것과 나쁜 것을 못 가리지는 않을까 걱정하는 부모들이 많은 것 같습니다.

내 대답은 '그렇지 않다'입니다. 전혀 걱정하지 않아도 됩니다.

공감이란 무턱대고 아이의 모든 것을 허용하는 것이 아닙니다. 아이의 생각과 감정은 충분히 들어보고 인정해야 하지만 행동만큼은 확실하게 선을 긋고 잘못된 행동에 대해서는 야단을 치는 것이 중요합니다. 무슨 말이냐 하면, 야단을 칠 때는 '감정'에 대해서는 'YES'의 태도를 보이고, 야단 칠 '행동'에 대해서는 'NO'의 태도를 보여야 한다는 것입니다.

예를 들어 아이가 간식을 먹고 싶다고 칭얼댄다고 가정합시다. 그럴 때 "배가 고프구나. [사실은 아이가 참기를 바라면서도] 먹어도 돼"라고 말하는 것은 감정에 대해서도 행동에 대해서도 YES입니다. 이것은 좋지 않습니다. 이렇게 하면 정말로 아이가 해도 괜찮은 것과 해서는 안 되는 것을 구별할 수 없게 됩니다. 이럴 때에는 "배가 고프구나. 그런데 이제 곧 밥을 먹어야 해서 간식은 먹지 않으면 좋겠어. 미안해"라고 말하는 것이 제일 좋습니다. 이때 주의할 점이 있습니다. 해서는 안 되는 것에 대해 '알려주고, 전해주고, 스스로 생각하게 하고, 서로 얘기를 나누는' 과정이기 때문에 소리를 지르면서 화를 내서는 안 됩니다.

그래도 아이가 간식을 달라고 생떼를 쓰면 어떻게 해야 좋을까요?

곧바로 생각을 고쳐먹기는 어려운 법이므로, 아이가 "싫어"라면서 울고불고 떼를 쓰는 것은 어쩌면 자연스러운 일입니다. 이런 경우에는 시간을 들여 천천히 부모의 마음을 전해야 합니다. 아이를 단번에 조용히 시킬 수 있는 마법은 없습니다. 아이의 생떼에 마음을 꺾이지 말고 계속해서 '감정에 대해서는 YES, 행동에 대해서는 NO'의 태도를 유지하면서 부모의 생각을 전해야 합니다. 이렇게 공감과 부탁을 반복하면 칭얼거림의 강도가 점점 약해집니다.

아이는 그렇게 자신의 감정과 타협하는 방법을 배우고 참는 방법을 익히며 성장합니다.

## 감정에도 행동에도 YES라고 한다

엄마, 간식 먹고 싶어~
간식이 먹고 싶구나.
그런데 이제 곧 밥 먹을 시간이라서 간식은 안 돼.
지금 먹고 싶어.
간식 줘!!
울 정도로 간식이 먹고 싶구나.
그렇구나~
먹고 싶어~
응응.
몇 번이고 아이의 말에 호응해주면 아이의 마음이 점점 누그러진다.
그래도 먹고 싶은데~
잘 참아줘서 고마워.
그렇게 아이는 자신의 감정과 타협하는 방식을 배워간다.

#6

## 꾸짖을 때는

## 7초 이내로 짧게!

부모들이 아이들을 혼내는 모습을 보면서 이것만은 고쳤으면 하는 것이 있습니다. 그것은 '혼내는 시간'입니다.

사실 부모들은 너무 긴 시간 동안 아이들을 혼냅니다. 아이가 어리면 어릴수록 짧게 혼내야 하는데 아이가 알아듣지 못했을 거란 추측을 하면서 설명하고 또 설명합니다. 그런데 부모의 얘기가 길어지면 아이는 지루해하면서 오히려 부모의 얘기를 이해하지 못하고 그저 '뭔가 큰일이 났구나' 정도만 느낍니다.

그러니 혼내는 것은 7초 이내로 끝내세요. 구체적으로 짧고도 진지하게 부모의 마음을 전하는 것이 중요합니다.

### | 짧게 혼내는 비결 1 | 부탁하듯 말한다

아이가 말을 안 들을 때 "○○해!"라고 무조건 혼내지 말고 "엄마(아빠)가 참 기쁘겠는데" 혹은 "도움이 되겠는데" 식으로 부탁하듯 말해보세요. 아이들은 부모를 돕는 것을 매우 좋아하기 때문에 부모가 부탁하면 돕고 싶다는 생각이 행동하고 싶은 의욕으로 발전합니다.

### | 짧게 혼내는 비결 2 | "○○하자~"라고 방법을 가르쳐준다

하지 말았으면 하는 행동을 아이가 했을 때 부모의 마음속에서는 '그러면 안 돼!'라고 말하고 싶은 욕구가 꿈틀거립니다. 하지만 그 말을 내뱉으면 당장은 그 행동을 멈추겠지만 다음에 그 행동을 다시 반복할 수 있습니다. 그 행동을 멈추는 대신 무얼 어떻게 하면 좋을지를 깨닫지 못했기 때문이죠.

그러면 어떻게 해야 아이가 잘못된 행동을 멈추면서 바른 행동을 배울 수 있을까요?

"○○하면 안 돼"라고 명령하기보다는 "○○하자~"라고 방법을 가르쳐주는 것이 효과적입니다. 예를 들면 버스 안에서 "앞의 의자를 발로 차면 안 돼"라고 혼내기보다는 "엉덩이를 의자 안쪽까지 깊숙이 당겨서 붙이고 등을 똑바로 세워서 앉아봐"라고 상냥하게 가르쳐주는 것입니다. 그러면 아이는 앞자리를 발로 차는 것이 잘못된 행동임을 쉽게 이해하고 부모가 알려준 방식을 바로 행동으로 옮길 거예요.

### | 짧게 혼내는 비결 3 | 아이가 아는 단어로 얘기한다

부모의 생각을 온전히 전달하고 싶다면 구체적으로, 아이가 알아듣기 쉽게 얘기해야 합니다. 예를 들어 아이가 조용히 하기를 바란다면 "작은 목소리로 말하자"라든지 "닌자처럼 소리 내지 않고 걸을 수 있을까?"라고 말입니다. 그저 "조용히 하자"라고 전하는 것은 아이 입장에서 추상적인 표현이라 엄마의 생각이 잘 전달되지 않을 수 있습니다.

아이의 머릿속에 어떻게 하라는 이미지가 그려질 수 있도록 구체적으로 표현하는 것이 중요합니다.

#7

# 어리광을 받아주는 건

# 사랑을 채워주는 것

어리광을 많이 부리면서 자란 아이들은 자신을 사랑하는 사람으로 성장합니다. 자신의 감정이나 생각을 기꺼이 받아주는 부모를 보면서 '엄마 아빠가 나를 소중하게 여기고 있구나. 나는 사랑받을 가치가 있는 인간이야'라고 느끼기 때문입니다.

그러나 무언가를 얘기하거나 요청했을 때 부정적으로 대꾸하는 부모 밑에서 자란 아이들은 '나는 소중하지도 않고 사랑받을 가치도 없는 존재'라는 생각을 키워갑니다.

비슷한 문제로 한 엄마가 상담을 요청했습니다.

"딸아이가 최근 들어 자꾸 생떼를 쓰고 삐딱하게 행동해 걱정입니다. 제가 둘째를 임신 중인데, 컨디션이 안 좋아 예전만큼 못 해주는 것과 관련이 있는 것 같아요. 마트 같은 데 가면 제가 안아주지 못하는 걸 알면서도 막 울면서 안아달라고 생떼를 써서 곤혹스러울 때가 한두 번이 아니에요. 어떻게 하면 좋을까요?"

나는 이 엄마에게 "마트에 가기 전에 딸과 함께하는 시간을 만들어보세요"라고 조언을 해주었습니다. 예를 들어 딸이 좋아하는 놀이를 함께 하거나 보듬어주거나 간질이거나 하면서 딸의 기분을 좋게 하는 것입니다.

얼마 후 그 엄마에게 연락이 왔는데, 나의 조언대로 딸과 함께하는 시간을 충분히 갖고 어리광을 맘껏 부리게 해주고 딸의 마음을 사랑으로 가득 채워주고 나서 마트에 갔더니 떼쓰는 일이 줄어들었다고 합니다.

아이가 어릴 때 어리광을 받아주는 건 '아이의 마음에 사랑을 가득 채우는 것'과 같습니다. 어리광은 한껏 받아주어도 됩니다. 부모가 자신을 받아준다고 느끼면 아이는 안정감을 느끼고, 이 안정감은 아이의 마음밭을 비옥하게 만드는 거름이 됩니다. 그러니 아이가 안정감을 충분히 느낄 수 있도록 어리광을 넘칠 정도로 받아주세요.

다만, '응석받이로 만드는 것'과 '어리광을 받아주는 것'은 구분해야 합니다. 이 둘의 차이는 '누구를 위한 행위인가?'에 있습니다. 부모의 편의를 위한 것이라면 그것은 응석받이로 만드는 행위에 해당하며, 아이를 위한 것이라면 그것은 어리광을 받아주는 행위에 해당합니다.

예를 들어 차를 탈 때 아이가 어린이 보호 좌석(카시트)에 앉기 싫어한다고 가정합시다. 아이를 응석받이로 만드는 부모는 아이의 생명보다도 아이가 말썽 피우지 않는 것을 우선으로 여깁니다. 그래서 카시트에 앉히려 했다가도 '무리하게 앉히다가 아이가 울기라도 하면 더 골치 아프다'며 아이에게 카시트에 앉지 않아도 된다고 허락해버립니다.

그러나 어리광을 받아주는 부모는 카시트에 앉기 싫어하는 아이에게 "네 생명은 소중하니까 카시트에 앉아야 돼"라며 카시트에 앉도록 타이릅니다. 대신에 아이가 카시트에 앉기 싫어하는 마음을 인정하고 아이의 말에 귀를 기울입니다. 만일 아이가 "엄마도 나랑 같이 뒷자리에 앉아"라고 하면 아이의 불안한 마음을 헤아려 잠깐 옆에 앉아 아이를 안심시키고, 아이가 카시트에 제대로 앉으면 그때 차를 출발시킵니다.

언뜻 보면 후자는 엄하게 보이지만 아이가 어리광부리고 싶어 하는 포인트를 정확하게 파악하고 있습니다. 어리광을 받아주는 것은 무엇이든 아이가 하고 싶은 대로 놔두는 것이 아니라 아이의 마음을 채워주는 것입니다.

어리광을 받아주면 아무것도 스스로 하지 않는 아이가 되어버리는 건 아닐까 걱정하는 부모도 있을 텐데, 절대 그렇지 않습니다. 걱정하지 않으셔도 됩니다. 오히려 어리광을 받아주면 아이의 자립심이 쑥쑥 자랍니다. 이것에 대해서는 내가 몸소 경험했기에 자신 있게 말할 수 있습니다.

딸아이가 초등학교 1학년 때 이런 일이 있었습니다. 학교에 가기 싫다고 칭얼거려서 왜 그런지 물어봤더니 체육이 싫어서라고 하더군요. “엄마, 왜 마라톤 할 때 걸으면 안 돼요?”, “다리가 아파서 뛰기 싫어요” 등 나의 상식으로는 도저히 이해가 안 되는 이유를 늘어놓으면서 학교에 가기 싫다고 칭얼댔습니다.

등교 시간이 가까워오자 초조해진 나는 딸아이가 학교에 적응하려는 노력을 게을리한다는 생각에 이르렀고, 결국 딸아이에게 설교를 늘어놓기 시작했습니다. 그러자 아이의 눈에 눈물이 그렁그렁 맺히면서 더 이상 얘기해봤자 소용이 없겠다는 표정을 지었습니다. 그 표정을 읽는 순간 내 생각이 짧았음을 깨달았습니다. 딸아이는 야단을 맞아야만 노력하는 아이가 아니라는 사실을 잊고 있었던 것입니다.

마음을 다잡고 아이의 얘기를 들어보기로 했습니다. 나의 가치관을 고려하고 아이의 마음도 느끼며 얘기를 듣다 보니 ‘이렇게 열심히 하고 있는데 왜 몰라줄까?’라는 딸아이의 생각이 전해져 왔습니다. 그것을 그대로 딸아이에게 말하자 아이는 “맞아요. 정말 열심히 했거든요. 그런데 왜 학교에서는 뭐든지 잘해야 하는 거죠?”라면서 답답한 심정을 털어놓았습니다. 비록 부모나 선생님의 기대에는 못 미쳤을지언정 딸아이는 나름대로 열심히 노력해 왔던 것입니다.

울음을 그친 딸아이의 얼굴에 안도감이 돌기 시작했습니다.

"엄마랑 손잡고 학교에 가볼까?"

"응. 엄마랑 가요."

이미 지각을 했지만 딸아이의 가방을 들고 학교로 향했습니다. 아이의 가방이 참으로 무거웠습니다.

교실 앞까지 데려다주고는 "엄마는 네가 열심히 하고 있다는 거 알고 있어. 그러니까 다시 해봐. 너라면 할 수 있을 거야"라고 말해주었습니다.

방과 후 숨을 할딱이면서 뛰어들어온 딸아이는 "엄마, 엄마, 릴레이에서 한 명 제쳤어요"라고 자랑했습니다. 아침에 학교에 가기 싫다며 칭얼대던 아이는 어디로 갔을까요? 딸아이는 신나게 간식을 먹으면서 그날 있었던 일들을 끊임없이 조잘댔습니다. 나는 그런 딸아이의 얘기를 모두 들어주었습니다.

아이는 어리광을 받아줄수록 자립심이 자랍니다. 자립심이란 누구에게도 기대지 않는 마음이 아닙니다. 혼자 힘으로는 어쩔 수 없을 때 다른 사람에게 기댈 수 있는 마음이 진정한 의미의 자립심입니다. 누구에게도 기대지 않는 마음을 자립심이라고 단정 지으면 사람들에게 신세를 지는 것도 적절히 거절하는 것도 두려워져서 자신을 막다른 궁지로 몰아넣고 맙니다.

일본 애니메이션 〈원피스〉의 주인공 루피의 대사 중에 인상적인 말이 있습니다.

"나는 아무것도 할 수 없기 때문에 다른 사람들이 도와주는 거야. (중략) 나는 다른 사람들의 도움을 받지 않으면 살아갈 수 없어."

그렇습니다. 자신의 나약한 모습을 보일 수 있고 어리광을 받아줄 수 있는 사람이 있다는 것은 마음 든든한 일입니다. 만약 루피가 뭐든지 혼자서 헤쳐 나가는 사람이었다면 그 매력은 반감되었을 것입니다. 타인을 신뢰하고 서로 돕는 관계를 맺으려 했기에 루피는 〈원피스〉를 보는 시청자들의 마음을 끌어당길 수 있었습니다.

부모가 어리광을 받아주면 아이의 마음속에 '사람은 믿을 만한 존재이며, 나는 사람들의 인정을 받을 가치가 있는 존재'라는 생각이 스며들어 자립심의 기반이 된다는 사실을 꼭 기억하세요.

#8

## '빨리!'는 아직 먼 얘기~ 기다리고 이끌어주세요

아이들은 온몸으로 감정을 느끼고 표현합니다. 기쁘면 폴짝 폴짝 뛰고, 기분이 안 좋으면 난폭하게 구는 등 감정을 그대로 드러냅니다. 아이들이 난폭해질 땐 기관차가 엄청난 기세로 달리는 것과 비슷합니다. 그런데 기분이 누그러질 때까지 걸리는 시간은 아이들이 어른들보다 더 깁니다. 그래서 "이제 곧 가야 돼", "당장 그만둬"라는 말로 아이의 행동을 멈추려고 해봤자 소용이 없습니다. 급브레이크를 밟아도 아이는 하던 행동을 바로 그만두지 못합니다.

이와는 반대로 아이가 모든 행동을 멈출 때가 있습니다. 어느 순간 젓가락을 든 채, 바지를 반만 입은 채 멍해지는데 바로 자신의 세계에 빠져들었을 때입니다. 이럴 때도 "빨리 먹어", "빨리 준비해"라고 말해봤자 아무 소용이 없습니다.

아이가 어른처럼 앞일을 내다보면서 행동하기를 바란다면 몇 년은 더 기다려야 합니다. 개인차가 있겠지만 평균 열 살 정도는 돼야 하지 않을까 싶습니다. 그때까지는 인내심을 가지고 아이를 대해야 합니다.

이쯤에서 생각해볼 것이 있습니다. 부모들은 왜, 아직 세상 물정도 모르는 아이들에게 '빨리'라고 요구하는 걸까요?

개별상담이나 강연에서 '지금 당장', '빨리'라는 말을 입에

달고 사는 부모들에게 자주 하는 질문이 있습니다. "이 말들은 부모 자신에게 하는 말이 아닐까요?" 그러면 그 자리에 계신 분들의 80% 정도는 "맞아요"라고 대답합니다. 아이를 향해 말하지만 대부분은 자신에게 하는 말인 것입니다. 자신에 대한 초조함이나 노여움이 아이를 향해 표출된 말이라고 볼 수 있습니다.

'지금 당장', '빨리'라는 말버릇을 고치려면 어떻게 해야 할까요?

우선 평상심을 유지하는 것이 중요합니다. '지금 당장', '빨리'라고 말하고 싶어지면 심호흡을 해보세요. 숨을 크게 들이쉬고 내쉬기를 반복하다 보면 마음이 한결 편해집니다.

앞에서 얘기했듯, '빨리'라고 닦달해도 아이는 바로 움직이지 못합니다. 만일 아이가 지금 당장 그만둬야 할 위험한 행동을 하고 있다면 아이의 몸을 지그시 누르고 그대로 안아서 다른 장소로 데리고 가세요. 그리고 그곳에서 아이의 얘기를 귀 기울여 들어주세요. 아이가 자기의 기분을 말하는 건 마음속에 부글부글 끓고 있는 증기를 칙~ 하고 빼주는 것과 같습니다.

그렇게 아이가 진정되면 다음 행동을 준비할 수 있게 말을 해주세요. TV를 보고 있는 아이에겐 "저 프로그램이 끝나면 나갈 거야"라고, 시계를 볼 줄 아는 아이에겐 "시곗바늘이 6으로 오기 전에 준비를 끝내자"라고 말하는 겁니다.

아침마다 꾸물대는 아이를 보며 '빨리 해'라는 말이 목구멍까지 치밀어 오른다면 아이가 스스로 움직일 수 있을 만한 장치를 마련해보세요. 아침에 해야 할 일을 그림카드로 만들어 벽에 붙여놓고 아이가 그것을 보면서 행동하도록 유도하는 것도 한 방법입니다. 아이들은 귀를 통해 얻는 정보보다 눈을 통해 얻는 정보를 더 빨리 이해합니다. 해야 할 일이 눈에 보이면 행동으로 옮기기도 쉬워요. 그리고 아이가 유치원에 갈 준비를 시작하면 "다음에는 뭘 하면 좋을까?"라고 물어보세요. 다음 행동을 스스로 생각해내는 연습을 하다 보면 자연스럽게 앞일을 내다볼 수 있는 힘이 길러집니다.

성급하게 서두르는 것은 부모도 아이도 피곤한 일입니다. 아이는 유유히 흐르는 시간 속에 살고 있습니다. 가끔은 부모도 이러한 아이들의 느림보 시간 속에 몸을 맡겨보는 것은 어떨까요?

## '지금 당장', '빨리'라는 말을 버릇처럼 한다

## 아이의 속도에 맞춰 얘기한다

#9

# 비교하지 말고 차이를 인정해요

육아의 원칙 중에 '비교 금지 3원칙'이 있습니다.

- **다른 아이와 비교하지 않는다.**
- **엄마와 아빠의 어린 시절과 비교하지 않는다.**
- **세상의 잣대나 상식과 비교하지 않는다.**

어떤 부모든 우리 아이가 바르게 잘 자라고 있는지 궁금해합니다. 그럴 때마다 자신도 모르게 특정인 혹은 특정 기준과 비교함으로써 성장의 정도를 측정하려 해요. 형제자매와 비교를 한다든지, 아이의 친구와 비교한다든지, 부모의 어린 시절과 비교한다든지, 아니면 육아 지침서나 모자수첩에 적혀 있는 객관적 수치나 정보에 비춰봅니다.

그런데 아이는 비교당하는 순간 강한 열등감의 싹을 마음밭에 틔웁니다. 될 대로 되라는 식의 기분마저 느낍니다. 그런 부정적인 감정의 영향을 받아 일시적으로 분발할 수도 있지만, 그것은 누군가에게 멸시받은 것에 대한 앙갚음의 표현일 뿐입니다. 이런 상황이 반복적으로 벌어지면 아이는 너무 힘들어 언젠가는 비명을 지르고 맙니다.

만약 아이를 무언가와 비교해야 할 경우가 생긴다면 그때는

'우열'이 아니라 '차이'로 바라봐야 합니다.

아이든 어른이든 자기만의 개성이 있습니다. 이 세상에 똑같은 사람은 존재하지 않아요. 빠르다, 느리다, 강하다, 약하다, 작다, 크다…… 이런 특성들은 누가 더 뛰어나느냐가 아니라 '다르다'로 구분되어야 합니다. 그런데 많은 부모가 '빠르고 강하고 큰 것'이 우월하다고 생각해 아이의 성장이 더디게 느껴질 때마다 초조해합니다.

이런 식으로 아이를 생각하는 엄마가 있다면 어떨까요?

'새에 비유하면 우리 애는 참새, 옆집 아이는 공작이야. 공작 같은 아이를 둔 옆집 부모가 참 부럽다.'

아마도 이 엄마는 매순간 슬프고 탄식은 끊이지 않을 것입니다. 자기 아이가 공작이 아닌 참새에 불과하고 공작이 참새보다 우월하다고 생각하는데, 참새는 아무리 노력해도 공작이 될 수 없다는 사실을 스스로 인정했기 때문입니다. 이런 부모들은 참새는 공작이 되지 않아도 된다는 사실을 깨달으면 좋겠습니다. 왜냐하면 참새 자체로 충분히 멋지니까요.

만일 내 아이를 다른 집 아이와 비교하려는 자신을 발견하면 어떻게 해야 할까요? 우선 자신의 마음속에 있는 '이 정도는 돼야 아이를 잘 키웠다고 할 수 있지'라는 육아의 이상형을

떨쳐내고 그 이상형은 도대체 어디에서 생겨난 것인지를 생각해봐야 합니다. 혹시 부모 자신의 열등감이나 우월감에서 나온 것은 아닐까요?

닮지 말았으면 하는 부분만 닮은 아이, 하지 말았으면 하는 짓만 골라서 하는 아이, 나의 기대와는 정반대의 성향을 가진 아이…… 이런 아이와 함께 지내다 보면 속이 부글부글 끓어오를 때가 한두 번이 아닐 거예요. 내 가슴속 깊이 잠재되어 있는 열등감을 자극하기 때문이죠.

하지만 부모의 바람대로 아이가 자라주는 경우는 극히 드뭅니다. 부모들을 만날 때마다 느끼는 것이 있는데, 부모가 원하는 아이보다 부모를 성장시키는 아이가 더 많다는 사실입니다. 타고난 성격은 좀처럼 바꾸기 힘듭니다. 그러한 천성을 바꾸려 들기보다는 아이의 개성을 있는 그대로 받아들이고 살려주는 것이 오히려 재능을 키워주는 지름길입니다.

아이들은 서로 다를 수밖에 없습니다. 그러니 부디 내 아이를 다른 아이들이나 세상의 잣대와 비교하거나 색안경을 낀 채 평가하지 말고, 다른 점을 인정하며 개성으로 존중해주세요.

#10

## 신념을 내세우기보다

## 본심을 얘기해요

며칠 전에 친구한테서 멋진 이야기를 들었습니다.

“얼마 전에 늦잠을 자는 바람에 남편이 출근하는 것을 못 봤어. 그런데 남편이 퇴근해서는 ‘아침에 혼자 출근 준비를 하려니 참 쓸쓸하더군. 함께하는 사람이 없다는 것은 참 쓸쓸한 일이야’라고 하는 거야. 물론 나를 책망하는 것도 비아냥대는 것도 아니었어. 자기가 느꼈던 감정을 담담하게 내게 말한 거야. 기분은 좋더라. 그런데 그 말을 듣는 순간, 나도 감정을 솔직하고 담담하게 말할 수 있으면 좋겠다는 생각을 했어.”

부부가 대화를 하다가 갑자기 싸울 때가 있는데 대부분 ‘이래야 한다’는 ‘나만의 신념’을 서로 내세우기 때문입니다. 부부 사이에서 가장 흔한 ‘나만의 신념’은 남편의 경우 ‘아내라면 아무리 피곤해도 아침에 일찍 일어나야 한다’는 것이고, 아내의 경우 ‘남편이라면 피곤한 아내를 안쓰럽게 여겨야 한다’는 것입니다. 이런 생각으로 서로를 대하면 상대방에 대한 요구만 많아지고 언제든 분위기가 험악해질 수 있습니다.

대부분의 부부싸움에서 남편이든 아내든 정말 하고 싶은 말을 하는 경우는 드뭅니다. 상대방에게 정말로 하고 싶은 말은 마음 깊은 곳에 있습니다. 그것을 ‘본심’이라고 합니다. 위의 내 친구의 경우를 예로 들면 남편의 본심은 ‘아내가 깨어나지 않아서 쓸쓸했다', '나를 소중한 존재로 여겨주지 않는 것 같아 슬펐다'일 것이고, 아내의 본심은 '따뜻한 밥을 먹여 출근시키고 싶었는데 일어나지 못해서 미안해', '나를 배려해줘서 고마워'일 것입니다. '아내라면 이래야 한다', '남편이라면 이래야 한다'는 자신의 신념 대신 이런 본심을 상대방에게 전하는 것이 제일 중요합니다.

아이를 대할 때도 마찬가지입니다. 부모가 생각하는 올바른 이론이나 신념을 앞세우기보다 아이의 마음을 울리는 것이 무엇인지 생각해봐야 합니다.

여섯 살 난 시우는 태어난 지 얼마 되지 않은 동생을 돌보는 것을 무척 좋아합니다. 그래서 동생이 울고 있으면 달래거나 안아주려 하지만 그런 시우를 보는 엄마는 늘 불안합니다. 그래서 시우가 동생 옆에 있기라도 하면 "시우, 쓸 데 없는 짓 하지 마"라고 화를 내고 맙니다.

그 말을 들은 시우의 마음은 어떨까요? 시우에게 물어보니 "엄마한테 칭찬받을 거라고 생각했는데 오히려 엄마는 내 마음을 몰라주고 혼내기만 해서 실망했어요"라고 했습니다. 그래서 나는 시우의 엄마에게 자신의 본심을 시우한테 얘기해달라고 부탁했습니다.

"시우야, 동생을 잘 보살펴줘서 고마워. 그런데 시우가 아기를 안을 때마다 엄마는 아기를 떨어뜨릴까 봐 걱정이 돼. 그러니까 시우는 엄마가 분유 타는 것을 도와주면 고맙겠어."

엄마가 자상하게 말하자 시우는 실망한 기색 없이 "응!" 하고 엄마의 마음을 이해해주었습니다.

아이를 야단치는 대신 본심을 말로 표현하면서 "걱정이 돼", "그러면 슬퍼져", "무서워", "이것 참 곤란한걸"처럼 감정이나 기분을 전하면 아이가 부모의 요구를 훨씬 쉽게 받아들입니다. 오늘 당장 실천해보세요. 아이가 곧바로 부모의 부탁을 들어준다고 장담할 수는 없지만, 신기하게도 부모 자신의 마음이 놓이는 경험을 할 수 있을 것입니다.

## "이래야 해"라며 나무란다

어머,
어디 가?
피융~
한참 찾았잖아.
왜 이렇게 가만히
있지를 못하니?
…….
'미안해요.
이제 안
그럴게요'라고
해야지!
미안해요.
이제 안
그럴게요.
뾰로통
앗,
기다려!
예후야~
앗,
저기
예후다!
피융~

'앗, 저기 있군.'
SALE
엄마가 무척 걱정했어.
……. 미안해, 엄마.
엄마 손 잡고 쇼핑해주면 엄마가 마음이 놓이겠는데.
응.
앗, 저기 예후 있다. 예후야, 안녕?
SALE

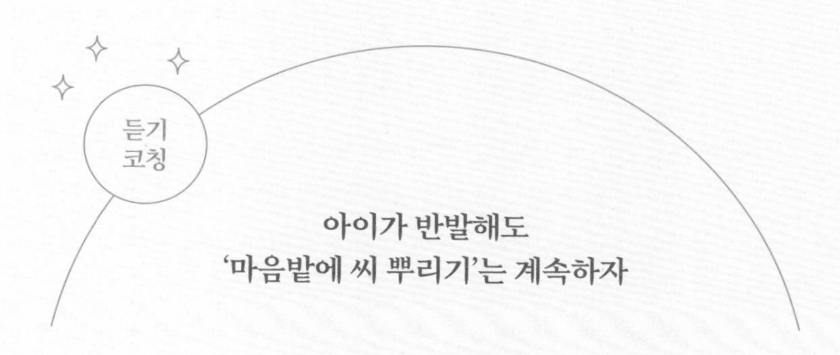


## 아이가 반발해도 '마음밭에 씨 뿌리기'는 계속하자

딸아이가 일곱 살 때의 일입니다. 한자 숙제를 하는데 연필 잡는 방법이 무척 신경 쓰여 한마디 했습니다.
"연필을 똑바로 잡아야지."
그러자 이내 고쳐 잡고는 "잘 잡고 있어"라고 대답했습니다. 하지만 그때뿐이었습니다. 글을 쓰기 시작하자 또 이상하게 연필을 잡았습니다. '이제 잔꾀를 부릴 때가 됐나 보다' 싶어서 "많이 컸네?"라면서 씩 웃었습니다.
그래도 연필은 바로잡아야 한다는 생각에 잔소리를 좀 했더니 딸아이가 몹시 신경질을 부렸습니다. 당황한 나는 '연필을 이상하게 잡는다고 해서 큰 문제가 되는 것도 아닌데 뭐'라는 생각에 찬찬히 다시 말했습니다.
"오늘은 연필에 대해서는 그만 말할게. 네가 고쳐야겠다고 마음먹지 않으면 고쳐지지 않으니까. 엄마도 어렸을 때 연필을 바르게 잡는 게 무척 힘들었어. 하지만 어른이 되고 나서 고쳐야겠다고 마음먹었더니 고쳐지더라. 네가 고쳐야겠다는 마음이 들 때 엄마가 도울 일이 있으면 말해줘."
그랬더니 놀랍게도 딸아이가 연필을 똑바로 쥐고 글을 쓰기 시작했습니다! 참으로 신통방통했어요.

한자 숙제를 끝내고 나서 딸아이가 이렇게 물었습니다.

"왜 엄마는 어렸을 때 연필 잡는 법을 고치지 않았어요? 안 고쳐졌어요?"

"왜냐면 할아버지, 할머니 잔소리가 듣기 싫었지 뭐야. 이렇게 해라 저렇게 해라 자꾸 잔소리를 하시니까 점점 고치기 싫어지더라."

내가 웃으면서 솔직하게 고백하자 딸아이는 눈물이 그렁그렁 맺힌 얼굴로 말했습니다.

"엄마, 내 기분 알지? 그러니까 자꾸 잔소리하지 말아줘."

한 대 맞은 기분이었습니다. 그래서 이렇게 대답했습니다.

"응, 알지, 그 기분 진짜 잘 알지. 그런데 어른이 되니 자꾸 잊어버리지 뭐야. 그래서 나도 모르게 자꾸 잔소리를 하게 돼. 그런데 말야, 어찌 생각하면 엄마가 어른이 되고 나서 연필을 바로잡아야겠다고 마음먹은 것은 할아버지, 할머니가 자꾸 잔소리를 해주신 덕분인 것 같아. 그래서 중요하다고 생각하는 것은 네가 화를 낼 줄 알면서도 자꾸 얘기를 하는 거란다."

이 일을 통해 두 가지 사실을 깨달았습니다. 하나는, 아이든 어른이든 명령이나 통제를 받고 싶어 하지 않는다는 사실입니다. 또 하나는, 아이가 아무리 반발하더라도 중요한 것은 계속해서 얘기해주어야 한다는 것입니다.

부모의 잔소리를 들으면 아이는 당연히 기분이 나쁠 것입니다. 때로 반발할 수도 있어요. 그러면 부모는 부아가 치밀어 오를 텐데, 그렇더라도 몇 번이든 반복해서 얘기해주어야 합니다. 그것이 바로 아이의 마음을 움직이게 하는 '씨 뿌리기'입니다.

싹은 곧바로 돋아나는 경우도 있지만, 좀처럼 돋아나지 않는 경우도 있습니다. 나의 경우 부모님께서 마음밭에 뿌려주신 "연필을 바르게 잡는 것은 아주 중요하단다"라는 씨앗은 내가 어른이 되고 나서야 싹이 돋아났습니다. 그건 그것으로 족하다고 생각해요. 싹이 언제 돋아날지 모르지만 부모는 '언젠간 돋아나기를!'이라는 마음으로 자식의 마음밭에 씨를 뿌려야 합니다.

그러니 오늘도 아이의 마음밭에 씨 뿌리기를 계속 하세요!

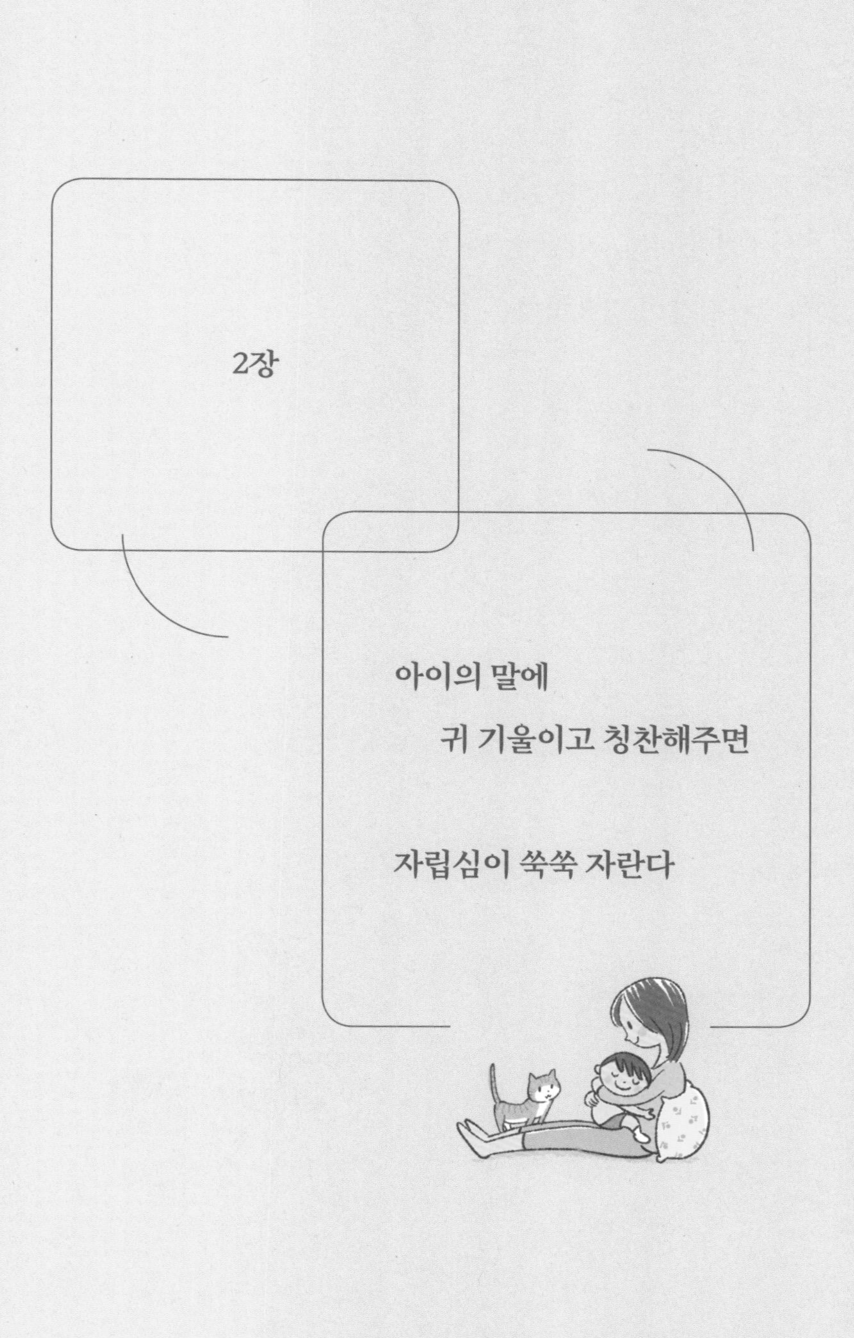

# 2장

## 아이의 말에 귀 기울이고 칭찬해주면 자립심이 쑥쑥 자란다

#11

## “엄마(아빠), 이것 좀 봐”는 안정감이 필요하다는 신호

부모가 아이들에게 수시로 듣는 말이 있습니다.

"엄마(아빠), 이것 좀 봐."

이 말은 아이가 부모한테 자기를 봐달라며 쏘는 레이저광선입니다. 이렇게 아이는 온몸으로 레이저광선을 쏘면서 자신의 존재를 알리려 합니다. 그럴 때 부모가 애정 어린 시선으로 봐주면 아이는 안심합니다. 아이들은 부모와 떨어져서 놀다가도 신나는 일이 있으면 주위를 둘러보며 부모를 찾습니다. 무섭거나 슬픈 일이 있으면 달려와 부모한테 와락 안기고, 놀다 지치면 부모 곁에서 마음을 충전하고 다시 기운을 얻습니다.

"엄마(아빠), 이것 좀 봐"라는 말에는 다음과 같은 마음도 들어 있습니다.

- **'언제나 신경 써주면 좋겠어.'**
- **'내 마음을 알아주면 좋겠어.'**
- **'내가 어떤 아이이든 늘 나를 좋아해주면 좋겠어.'**

그래서 아이가 "엄마(아빠), 이것 좀 봐"라고 말할 때 부모가 어떻게 화답하느냐가 아주 중요합니다. 예를 들어 아이가 돌아봤을 때 부모가 화난 얼굴을 하고 있다거나, 무서워서 부모한테 달려들었는데 부모가 매정하게 대한다면 당연히 아이는 마음의 상처를 입게 될 것이고 불안감이 커질 수밖에 없겠지요.

콜로라도 대학교의 로버트 엠디 교수(자폐아 연구의 세계적 권위자)는 사회의 규칙을 지킬 수 있는 사람과 지킬 수 없는 사람의 차이는 영유아기의 육아 방식에서 비롯된다고 말합니다. 생후 6개월이 되면 스스로 움직일 수 있는데, 이때부터 무서운 일을 접하면 불안을 느껴 엄마나 아빠를 돌아보게 됩니다. 이럴 때 부모가 어떻게 반응했느냐에 따라 청소년기의 성장이 달라진다는 것입니다.

그러니 아이가 "엄마(아빠), 이것 좀 봐"라고 하면 '늘 너를 신경 쓰고 있단다', '네 마음을 이해하고 있단다', '엄마 아빠는 네가 참 좋아'라는 마음을 전하세요. 이러한 부모의 마음을 많이 느낄수록 아이는 안정된 마음으로 부모를 의지하면서 한 걸음씩 세상으로 발을 내딛게 됩니다.

## 아이가 돌아볼 때 화난 얼굴로 화답한다

## 아이가 돌아볼 때 상냥한 얼굴로 화답한다

#12

# 꼭 안아주면 아이는 온몸으로 사랑을 느껴요

'엄마 아빠는 늘 너를 신경 쓰고 있어', '네 마음을 이해해, '엄마 아빠는 네가 참 좋아'라는 마음을 아이가 느끼면 좋겠는데, 어떻게 전하는 게 가장 좋을까요?

그것은 바로 '스킨십'입니다. 특히 꽉 안아주는 것은 아이의 마음이 성장하는 데 없어서는 안 될 중요한 요소입니다.

엄마가 안아주면 아이는 살갗의 따스함과 목소리에서 전해오는 든든함 때문에 안정감을 느낍니다. 과학적으로는, 옥시토신이라는 호르몬이 분비되어 스트레스가 줄어들고 신뢰감이 더욱 돈독해진다고 알려져 있어요.

내가 햇병아리 교사였을 때 지호의 담임이 된 적이 있었습니다. 겨우 두 살에 엄마에게 버림받은 지호는 정서가 불안정해 툭 하면 고래고래 소리를 지르면서 화를 냈고, 주의를 주면 머리를 벽에 박는 등 위험한 행동을 했어요. 내가 어찌할 바를 몰라 하자 교장선생님께서 그 아이를 꽉 안아줘보라고 말씀하셨습니다.

교장선생님의 조언을 들은 날, 지호와 함께하는 시간을 만들었습니다. 모든 수업이 끝나고 다른 학생들이 전부 귀가한 뒤에 지호를 무릎에 앉히고 함께 책을 읽고 아이의 말에 귀를 기울였습니다. 우리 반에는 서른 명이 넘는 학생들이 있었기 때문에 나와 지호가 단 둘이 시간을 가질 수 있었던 것은 그때가 처음이었습니다. 그날 이후로도 지호와의 시간은 계속되었습니다.

지호는 가끔 내게 어리광을 부리면서 마음을 채워나갔습니다. 그렇게 시간이 쌓여갈수록 말수도 늘어 "선생님, 오늘 이런 일이 있었어요"라며 신나게 이런저런 얘기를 떠들어대기도 했습니다. 반년 정도 지나자 지호는 더 이상 어리광을 부리지 않았고, 정서적으로도 상당히 안정되었습니다.

'있는 그대로 받아들여지는' 경험은 아이에게 무척 중요합니다. '착한 아이니까', '잘했으니까', '열심히 하니까'와 같은 조건 없이 그저 존재 자체가 인정받는 경험 말입니다. 꼭 안아주는 것은 이와 같은 조건 없는 사랑을 온몸으로 느끼게 해주는 좋은 경험입니다. 툭 하면 우는 아이도, 화나서 토라진 아이도, 풀이 죽어 있는 아이도 꼭 안아주면 상처받은 마음이 조금씩 치유됩니다.

안정감이 충족되고 나면 아이의 마음속에선 건강한 마음이 자랍니다. 그 안정감은 더 이상 안아줄 필요가 없는 나이가 되어서도 '사랑받았던 기억'으로 몸과 마음에 남습니다. 그래서 무조건적인 사랑을 충분히 받고 자란 아이는 마음의 토대가

탄탄합니다. 이것이 바로 자기긍정감입니다. 자기긍정감이 높으면 부모에게 야단을 맞아도, 부모랑 싸워도 부모와의 관계가 극단으로 치닫는 일이 없습니다. 사이가 틀어지더라도 바로 회복됩니다.

안아주는 행동은 아이뿐만 아니라 부모에게도 긍정적인 영향을 줍니다. 부모가 아이를 꼭 안아주는 것은, 반대로 아이가 부모를 꼭 안아주는 것과 같습니다. 완벽한 부모가 아니어도, 집안일과 육아를 잘하지 못해도, '이런 부모라서 미안해' 하고 풀이 죽어 있어도 아이는 부모를 이 세상에서 제일 좋아해준다는 마음이 전해집니다.

다시 말해, 아이도 부모를 꼭 안음으로써 부모에 대한 무조건적인 사랑을 표현하는 것입니다. 당신이 바로 아이의 조건 없는 사랑을 받는 부모임을 잊지 마세요.

## #13

당연한 일은 없습니다.

아이의 성장도

그렇습니다

예전에 TV에서 주인의 지시를 무시하고 제멋대로 행동하는 개를 조련하는 영상을 본 적이 있습니다. 조련하기 전의 개는 한마디로 천방지축에 버릇까지 없었습니다. 개의 성향이 그렇다 보니 주인은 줄곧 고함을 치거나 명령을 해댔습니다.

그런데 조련사가 등장하면서 상황이 달라졌습니다. 조련사는 "조련의 첫걸음은 동물에게 건네는 말에서 시작된다"라고 개선책을 내놓았습니다. 단순히 지시를 따르게 하는 것은 그다지 효과적이지 않으며, 평소에 별 것 아닌 개의 행동들을 인정해주는 것이 중요하다고 했습니다.

그리고 "사람의 고함치는 행동은 개의 눈에는 흥분의 신호로 보일 뿐입니다. 그래서 주인의 명령은 아랑곳하지 않고 제멋대로 행동하는 것이죠"라고 충고도 해주었습니다. 조련사의 개선책을 받아들인 개 주인은 바로 "똑바로 잘 걷는구나", "잘 참고 기다리는구나. 아주 좋아, 고마워"와 같은 긍정적인 말로 개의 행동 하나하나를 인정해주었습니다.

그 개는 어떻게 되었을까요? 방송 말미에는 개와 주인이 아주 돈독한 사이가 되었다는 후일담이 전해졌습니다. 나도 모르게 마음이 뭉클해졌습니다. 방송을 보면서 육아도 똑같다고 느꼈습니다. 아이의 어떤 행동도 당연한 것은 없거든요.

초등학교 1학년 담임을 맡았을 때 학부모들에게 늘 하던 말이 있습니다.

"아이들이 40분이나 가만히 앉아 있는 것은 무척 어려운 일입니다. 아이들이 앉아 있는 의자, 참 딱딱하잖아요? 아이들은 그런 의자에 매일 다섯 시간이나 앉아 있어야 합니다. 그것을 당연하게 여기지 마시고 대단하다고 생각해주시기 바랍니다."

아이의 성장 과정을 '기특하다'고 여기느냐, '그런 것쯤은 누구나 한다'며 당연하게 생각하느냐에 따라 아이를 보는 시각이 달라집니다. '기특하다'고 생각하면 아이를 다정한 눈빛으로 보게 되고 야단치는 횟수도 당연히 줄어듭니다.

## "그 정도쯤은 누구나 해"라고 생각한다

아이의 성장을 기특해한다

와~ 혼자서 옷 갈아입고 있어?
'대단하네!'
어머머, 단추가 하나씩 아래로 잠겼네? 어떻게 할 거야?
엄마가 해줘.
'혼자서 충분히 애썼어. 어른도 단추를 잘못 잠글 수 있으니 이번엔 도와주자.'
엄마, 고마워.
혼자 힘으로 준비해줘서 엄마가 한시름 놨어.
'고맙다는 인사까지 하고, 기특하네.'

#14

# 건성으로 하는 칭찬은 아이를 감동시키지 못해요

아이의 성장 하나하나를 '기특하다'고 인정해주자는 말이 어떤 행동이든 칭찬해주자는 의미는 아닙니다. 무턱대고 칭찬해서는 아이의 마음에 감동을 줄 수 없기 때문입니다. 예를 들어 이미 자전거를 탈 줄 아는 아이에게 "어머, 자전거 탈 수 있구나. 참 대단해!"라고 칭찬하면 아이는 별로 기뻐하지 않겠죠.

칭찬은 아이가 인정받고 싶어 하는 것을 대상으로 해야 합니다. 그러려면 앞에서도 말씀드린, 아이가 엄마한테 봐달라고 쏘는 레이저광선을 잘 잡아야 합니다.

아이들은 늘 자기를 봐달라고 레이저광선을 쏩니다. 자기가 생각해낸 아이디어라든지, 열심히 하고 있는 모습이랄지, 자기가 좋아하는 것들을 부모가 알아주기를 원합니다. 그것은 집짓기 놀이를 하다가 맨 위에 삼각형 나무 조각을 쌓은 일일 수 있고, 무거운 장난감을 혼자서 정리한 일일 수도 있습니다. 어쩌면 길에서 주운 작은 돌멩이를 통해 부모의 시선을 자기 쪽으로 돌리고 싶어 할지도 모릅니다. 아이들이 부모에게 보이고 싶어 하는 것들은 일상에서 벌어지는 모든 현상에 숨어 있습니다. 그것을 알아채서 인정해주는 것이 중요합니다.

일부러 과장해서 칭찬할 필요는 없습니다. 온화한 목소리로 '엄마 아빠는 늘 네게 관심이 있단다'라는 마음을 전하면 됩니다. 이것을 코칭 분야에서는 '인정'이라고 표현합니다.

- **"쌓기 어려웠을 텐데 맨 위에 삼각형 나무 조각을 올렸구나. 대단해."**
- **"무거운데 혼자서 장난감을 정리했구나. 고마워."**
- **"이 돌이 마음에 들었니? 어떤 점이 마음에 들었지?"**

이처럼 '잘 보고 있단다', '잘 알고 있단다'라는 마음을 전하는 것만으로도 아이는 부모가 봐주거나 알아주었으면 하는 바람이 이루어진 것으로 여깁니다. 그리고 부모가 그런 반응을 보였을 때 아이는 싱긋 웃습니다.

칭찬이라는 건 사실은 아주 간단하면서 손쉽게 할 수 있는 의사소통입니다. 바로 그 자리에서 "참 대단하구나!"라고 말하는 것만으로도 훌륭한 칭찬이 됩니다. 하지만 "멋지구나!", "대단하구나!", "착하구나", "천잰데?", "자~알했어"와 같이 평가형 칭찬을 남발하는 것은 좋지 않습니다. 왜냐하면 평가하는 말들은 아이에게 약이 될 수도 있지만 독이 될 수도 있기 때문입니다. 그러니 상황에 맞게 적절히 써주어야 합니다.

아이든 어른이든 칭찬을 받으면 기분이 좋습니다. 특히 칭찬에 민감한 아이들이 칭찬받으려고 노력하는 일도 비일비재

합니다. 하지만 칭찬이 너무 잦으면 '오로지 칭찬받기 위해서만' 행동하게 됩니다. 그런 생각이 마음밭에 자리를 잡으면 칭찬받는 일은 하고 칭찬받지 않을 일은 하지 않는 행동 패턴으로 이어집니다.

부모 입장에서도 과도한 칭찬은 좋지 않습니다. 무턱대고 칭찬만 하다 보면 아이들의 레이저광선을 알아채기가 어려워집니다. 그러면 아이가 정말로 인정받고 싶어 할 때를 놓치고 맙니다.

자신을 봐달라는 아이의 레이저광선을 바르게 알아채는 비결은 아이를 잘 관찰하는 것입니다. 관찰하다 보면 아이가 무엇을 좋아하고 무엇에 집착하는지, 어떤 말을 해주면 행동으로 옮기는지 등을 파악할 수 있습니다.

무언가에 몰두하다가 부모에게 알리고 싶어져서 레이저광선을 쏘며 돌아봤을 때 부모가 그곳에 있고 "뭐 좋은 일 있어?"라며 생긋 웃어주는 것, 부모의 따뜻한 눈길과 마주치는 일이야말로 건성으로 해주는 칭찬보다 백배 천배 중요하다는 사실을 잊지 마세요.

## 일단 칭찬한다

'일단 칭찬을 해줘야 하는데.'
어느 색으로 칠하지?
'근데 뭘 칭찬하지?'
'맞아, 칭찬이라면 이 단어들이지!'
와, 잘하는데? 굉장해.
네?
'칭찬을 더 해줘야 해.'
대단하구나, 와우, 천재!
'우쭈쭈 치켜세우면서 뭔가 시키려고 하나?'

## 아이가 인정받고 싶어 하는 것을 칭찬한다

#15

## 아이의 상황을
## 실시간 중계하는 건
## 부모의 애정 표현입니다

무턱대고 칭찬을 늘어놓기보다는 아이의 행동을 실시간으로 중계할 것을 추천합니다. 아이가 지쳐 보이면 "피곤해 보이는데, 괜찮아?"라고 건네고, 장난감 자동차를 가지고 놀면 "씽씽 잘 나가네, 재미있겠다!" 하고, 형제가 함께 놀고 있으면 "사이좋게 놀고 있네. 보고만 있어도 엄마 아빠는 행복해"라고 아이의 상황을 부모가 대신 얘기해주는 것입니다.

실시간 중계는 이미 부모들이 실천한 일입니다. 갓난아기를 안고 어르며 "우리 애기, 맘마 먹고 배불렀쪄요?"라고 말하는 것, "우리 애기, 이제 딸랑이 가지고 노는구나. 딸랑딸랑 소리가 나네" 같은 말을 아기에게 건네는 것이 실시간 중계거든요. 아이가 자라면서 실시간 중계가 자연스럽게 줄어드는데, 아이가 커도 계속 하라고 권해드립니다. 실시간 중계는 '엄마 아빠는 언제나 너를 지켜보고 있단다'라는 신호이기 때문입니다. 본 대로 느낀 대로 아이에게 전하는 것만으로도 충분히 '엄마 아빠는 너를 언제나 사랑한단다' 하는 애정 표현이 됩니다.

여기서 주의할 점이 있습니다. 아이가 못한 일은 중계해서는 안 됩니다. '너의 결점을 지켜보고 있단다'라는 신호가 될 수 있으며, 그로 인해 역효과가 날 수도 있거든요.

실시간 중계는 아이의 언어능력 발달에도 도움을 줍니다.

미국 스탠포드 대학교의 연구진은 부모가 자녀에게 말을 거는 횟수가 많을수록 아이의 언어능력이 향상된다는 사실을 밝혀냈습니다. 단어로 샤워를 시키듯 다양한 언어 표현을 풍부하게 들려주면 아이들의 어휘 구사력이 높아진다는 것입니다. 단, TV나 라디오는 효과가 적습니다. 말로 샤워한다는 점은 같지만, 기계에서 흘러나오는 말은 귀에 걸리지 않고 그대로 통과되기 때문입니다.

이 외에도 펜실베이니아 주립대학교에서 실시한 연구 결과에 따르면 언어능력이 발달한 아이는 감정 조절 능력, 특히 분노를 제어하는 능력이 우수하다고 합니다. 언어를 능숙하게 구사할 수 있기 때문에 "나는 ○○을 하고 싶어요"라고 자신의 욕구를 차분하게 전달하고, 자신의 경험을 재잘재잘 얘기하고, 숫자를 세거나 즐겁게 말놀이를 함으로써 자연스럽게 스트레스를 발산할 수 있기 때문입니다. 반면에 언어능력이 발달하지 못한 아이는 자신의 생각을 능숙히 전달하지 못해 말 대신 짜증을 내거나 화를 내는 경우가 많다고 합니다.

오늘부터라도 아이에게 말을 많이 걸어주세요. 그러면 아이의 언어능력은 물론 감정 조절 능력까지 함께 자랄 거예요.

#16

# 듣기에도 요령이 필요합니다

'엄마 아빠는 언제나 너를 지켜보고 있단다'라는 마음을 효과적으로 전달하는 최고의 방법은 아이가 하는 얘기를 잘 들어주는 것입니다. 얘기를 잘 들어주는 것만으로도 부모와 자녀 사이의 유대감은 깊어집니다.

그러나 단순히 들어주기만 해서는 효과가 크지 않습니다. 가장 효과 좋은 듣기는 말을 캐치볼 하듯이 주고받는 것입니다. 말은 공과 같습니다. 만약 아이가 "수영장에 갔었어!"라는 공을 던지면 "수영장에 갔었구나!"라고 같은 공을 되던져주어야 합니다. 앵무새가 하듯이 아이의 말을 따라 말하는 것, 이것이 바로 말의 캐치볼, '마법의 맞장구'입니다. 참으로 단순한 방법이라 별 효과가 없어 보이지만 이렇게만 해도 아이는 '엄마 아빠가 내 얘기를 잘 들어주네' 하고 느낍니다. 부모를 좋아하는 마음도 쑥쑥 올라갑니다.

그런데 만약 전혀 다른 공을 던진다면 어떻게 될까요? 이런 상황이 펼쳐질지도 모릅니다.

아이: 유치원에서 수영장에 갔는데 재미있었어!

엄마: 수영복은 똑바로 갈아입었니?

수영장에 다녀와 신나는 기분을 엄마와 나누고 싶었던 아이는 엄마의 대답을 듣는 순간 수영장에서 옷 갈아입는 장면이 머릿속에 그려집니다. 그 영향으로 즐거웠던 수영장의 이미지는 날아가고 '엄마는 내 말을 듣지 않네, 칫!' 하는 기분이 마음에 자리 잡습니다.

'마법의 맞장구'는 앵무새처럼 따라 말하는 것 말고도 또 있습니다. "그랬어?", "그래 맞아, 그거야", "그렇구나", "그래서?"와 같은 말로 대응하면 아이는 '내 말을 엄마(아빠)가 들었네', '엄마(아빠)가 내 말을 받아들였어'라고 느낍니다.

또 한 가지 중요한 듣기 요령은 아이의 얘기를 끝까지 들어주는 것입니다. 아이가 하고 싶은 얘기를 빠짐없이 모두 말했다고 느낄 때까지 귀를 기울여야 합니다. 아이의 얘기를 듣다 보면 부모로서 조언하고 싶은 말이나 염려가 되는 부분도 더러 있을 것입니다. 그런 말은 옆으로 제쳐놓고 일단 아이의 말에 끝까지 귀를 기울여야 합니다.

아이는 하고 싶은 얘기를 전부 하고 나면 얼굴에 흡족함이 드러납니다. 이것은 말의 캐치볼이 잘되었다는 증거예요. 나아가 부모와 생각이나 체험을 공유했다는 마음에 기쁨은 배가 되고 슬픔은 반이 됩니다.

## 아이의 생각과 다른 말로 대꾸한다

## 앵무새처럼 아이의 말을 되받아준다

#17

# 아이가 풀이 죽어 있다면 기분을 대신 말로 표현해주세요

아이가 실수를 했을 때 격려의 말로 칭찬해준 적이 있나요? 예를 들어 피아노 연주회에서 평소 실력을 온전히 발휘하지 못해 풀이 죽어 있는 아이에게 "진짜 잘 쳤어. 실수한 건 신경 쓸 필요 없어"라고요. 그런 일이 있었다면 그때 아이가 어떤 표정을 지었는지를 떠올려보세요. 어른은 격려하려고 한 말인데 아마 아이는 납득이 안 된다는 표정을 지었을 거예요. 부모가 자신의 기분을 헤아리지 못한다고 느꼈을 테니까요.

슬프거나 화나거나 괴로운 감정을 대수롭지 않게 덮어버리려고 하면 오히려 그 감정이 더 커집니다. 그래서 실수 때문에 처진 기분을 좋게 해줄 요량으로 섣불리 칭찬이나 격려를 하는 것은 효과적이지 않아요. 그때는 "평소 실력을 다 발휘하지 못해서 속상하지?" 하고 아이의 기분을 대신 말로 표현해주는 것이 좋습니다. 이 말이 아이의 기분과 맞아떨어지면 아이의 표정이 부드러워지거나, 반대로 울음을 터뜨릴 거예요. 이때의 울음은 아이의 감정이 정화되었다는 증거이니 당황하거나 걱정하거나 미안해하지 않아도 됩니다. 마음이 조금 가벼워지면 아이는 차차 안정을 되찾을 것입니다.

아이의 기분을 있는 그대로 받아들이는 것이 아이가 자연스럽게 부정적인 감정에서 벗어나는 지름길입니다.

## 아이의 슬픈 기분을 별 것 아닌 일로 무마시킨다

## 아이의 슬픈 기분을 대신 말로 표현해준다

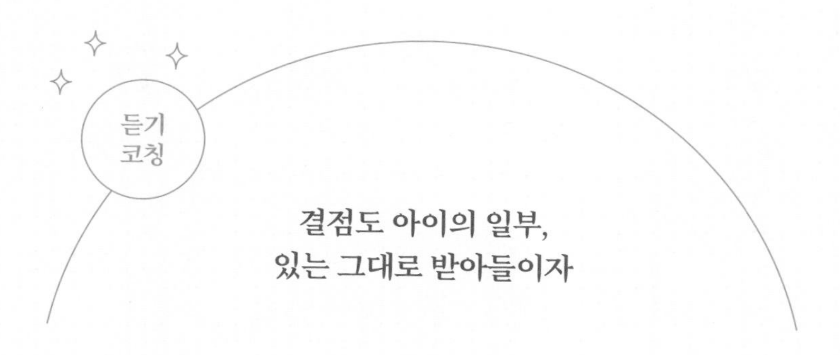


## 결점도 아이의 일부, 있는 그대로 받아들이자

아이에게서 결점이 발견되면 그 순간부터 부모의 눈에는 그 결점만 보입니다. 그래서 어떻게든 고쳐주려고 이런저런 방법을 연구해보지만 그게 생각보다 쉽지 않습니다. 뾰족한 수가 없으니 점점 짜증만 나죠.

그럴 때는 어떻게 해야 할까요?

가장 중요한 것은 아이와 부모 사이에 경계를 두는 일입니다. 무슨 말이냐면 '너는 너대로 좋아, 나는 나대로 좋고' 식으로 생각하는 거예요.

부모가 생각하는 아이의 결점이 '버릇이 없다, 숫기가 없다, 침착하지 못하다, 멍 때리고 있다' 정도라면 결점이라 생각하지 말고 '그런 점도 너의 일부야' 하고 받아들이는 게 좋습니다. '우리 아이의 성격을 고쳐줘야지!'가 아니라 '우리 아이는 이런 성격이구나', '이런 성격이 있으니 내 아이지'라고 부모가 먼저 인정해주는 것입니다. 행동은 조금씩 개선할 수 있지만 본래 가지고 태어난 성격은 고치려든다고 해서 고쳐지는 게 아니니까요. 차라리 아이에게 도움이 되는 쪽으로 살려주는 것이 아이가 '나답게' 살아가도록 돕는 길입니다.

자존감이 낮아 고민하는 어른들이 있습니다. 그들은 대개 '내 원래 모습을 그대로 보였다가는 사람들이 나를 싫어할 거야'라고 생각합니다. 또

한 주위의 시선이나 평가에 지나치게 신경을 쓰며 스스로를 힘들게 합니다. 지금의 자신을 '이대로도 괜찮아'라고 받아들여야 삶의 방식을 바꿀 수 있습니다. '조금 부족해 보이는 나'도 자기 일부라고 생각하면 자신을 감추는 일에 에너지를 낭비할 필요가 없습니다.

자기를 부정하는 에너지가 없어지는 것만으로도 세상은 확연히 달라 보입니다. 그러나 '난 이대로는 안 돼'라는 생각에 갇혀 있으면 좀처럼 삶의 방식을 바꾸기 어렵습니다. 자기를 부정하는 에너지의 원천은 아주 다양하지만 어릴 적 부모에게 들은 말을 통해 마음에서 자라날 수도 있습니다.

아이한테 부모란 있는 그대의 모습을 보일 수 있는 존재입니다. 그러니 "네가 울든, 웃든, 화를 내든 어떤 모습도 아빠 엄마는 다 좋아"라고 말로 표현해주세요. 이런 말들이 아이에게 자기긍정의 힘을 길러줍니다.

아무리 노력해도 아이에게서 부정적 시선을 거두지 못하겠다면 스스로 자신을 부정하고 있는 건 아닌지 되돌아봐야 합니다. '난 이대로는 안 돼. 바뀌지 않으면 모두가 나를 싫어할 거야'라는 생각에 얽매여 있으면 아이에 대해서도 '이 아이를 바꾸지 않으면 나중에 무척 힘들어질 거야'라고 생각하게 됩니다. 그런 경우엔 부모 먼저 자신에 대해 '나는 결점은 많지만 사랑스럽다'라고 생각하세요. 그러면 스스로도 부정적인 자아상에서 벗어날 수 있고, 아이를 바라보는 시선도 바뀔 것입니다.

육아 전문가들은 대부분 아이와 사이좋게 지내는 것만 강조합니다. 하지만 부모 스스로 '나 자신'과 사이가 좋아지는 것이 먼저입니다. '육아는 부모 키우기'라는 사실을 명심하세요. 육아와 마주하는 것은 부모가 자기 자신과 마주하는 일이기도 합니다.

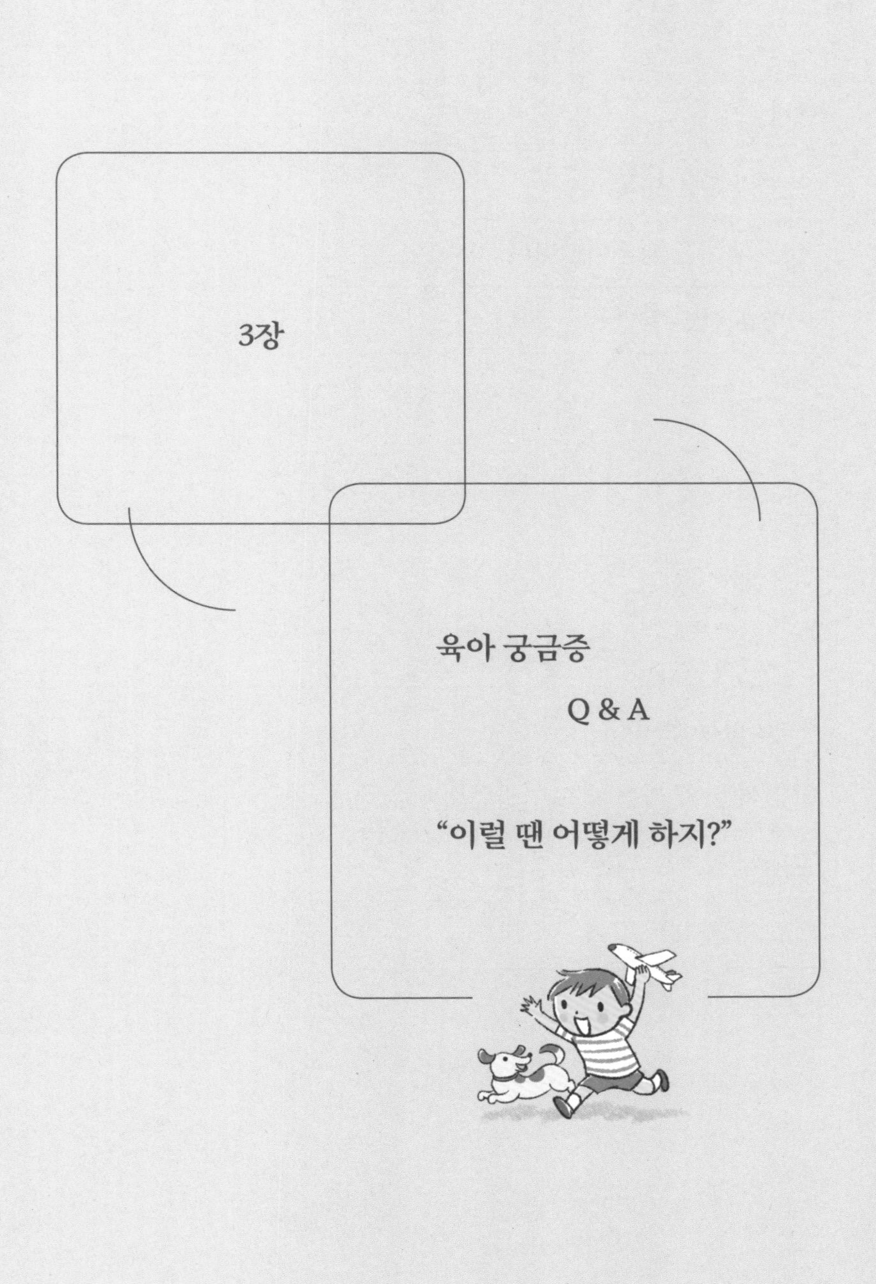

# 3장

# 육아 궁금증 Q & A

## “이럴 땐 어떻게 하지?”

## Q1

아무리 혼을 내도

같은 행동을 되풀이합니다.

어떻게 하면 알아들을까요?

## A

백 번 정도 혼내야

고칠까 말까 하는 게 아이들입니다.

혼내지 않아도 되는 환경을

마련해줍시다.

“몇 번을 혼내도 같은 행동을 또 해요.”

부모들은 종종 이런 한숨 섞인 하소연을 늘어놓습니다. 그런데 아이들은 무척 단순합니다. 하고 싶으니까 하고, 하고 싶지 않으면 하지 않습니다. 결코 부모의 말을 무시해서 같은 행동을 반복하는 것이 아닙니다.

아이들이 스스로 옳고 그름을 분별할 수 있으려면 다섯 살 정도는 되어야 합니다. 그때까지는 야단을 맞았다고 해서 하지 말아야겠다는 생각은 하지 못합니다. 그렇기 때문에 무한정 반복해서 가르쳐야 합니다. 육아는 끝이 보이지 않는 여정입니다. 서둘러선 안 돼요. 천천히, 여유를 가지고 해야 합니다. ‘지금 당장 아이에게 이해시켜야지’라고 다짐해도 아이는 받아들이지 못하는 경우가 아주 많습니다. 아이가 어른이 될 때까지 익히면 된다는 생각을 가져야 합니다. 현재의 고칠 점들은 대부분 커가면서 자연스럽게 해결되니 조바심을 내지 않아도 됩니다.

다만, 아이를 혼내지 않을 수 있도록 주변을 정리하세요. 위험한 물건이나 만지지 말아야 할 것은 아이 손이 닿지 않는 곳에 두고, 놀다가 다칠 위험이 있는 공간은 울타리를 쳐서 못 들어가게 만듭니다. “안 돼!”라는 말을 안 해도 되는 환경이라면 야단치는 횟수가 분명 줄어들 거예요.

## 끈질기게 혼낸다

열쇠 갖고 장난치면 안 된다고 했지? 몇 번 얘기해야 알아들을 거야?
짤랑 짤랑~
너 엄마를 뭘로 보는 거야? 빨리 이리 내!
짤랑 짤랑~
열쇠 갖고 장난치면 안 돼. 알았어?
부글 부글
으앙~
이리 내!
엄마 말 듣고 있어?
…….

중요한 거니까 그 열쇠 엄마한테 주렴.
짤랑 짤랑~
♪
짤랑 짤랑~
열쇠를 참 좋아하는구나. 엄마한테 '자, 여기'라고 할 수 있을까?
자, 여기.
고마워~
'안 보이는 곳에 잘 넣어둬야지.'

Q2

야단을 치면

실실 웃기만 합니다.

좀 더 엄하게 대해야 할까요?

A

혼나면서

실실 웃는 것은

엄마의 반응이 재미있거나,

무서운 기분으로부터

자신을 지키기 위한 반응입니다.

딸이 어렸을 때 물이나 주스를 마시다가 쏟는 일이 자주 있었습니다. 잠시 내가 한눈파는 사이에 테이블 위에 있던 마실 것을 쏟기도 했는데 주스가 주르르 쏟아지는 장면이 재미있었는지 아이 얼굴엔 미소가 번졌습니다. "어머, 또야? 자꾸 왜 이러는 거야?"라고 소리를 질렀지만 딸아이의 그런 행동은 한동안 계속됐습니다.

야단맞으면서 아이가 실실 웃는 경우가 있습니다. 네 살 정도까지는 엄마가 당황하는 모습이 재미있어 웃습니다. 또 물을 쏟으면 엄마가 황급히 자신이 있는 곳으로 와준다는 것을 알고 같은 행동을 반복하기도 합니다. 그럴 때는 "물을 쏟으면 엄마가 힘든데"라고 나지막한 소리로 얘기하세요. 이때 필요 이상으로 큰 소리를 내거나 안절부절못하는 모습을 보이면 아이의 흥미를 더 유발한다는 사실을 명심하세요.

하지만 대여섯 살 이후로는 실실 웃는 것의 의미가 달라집니다. 엄마가 화를 내거나 혼을 내면 사실 아이는 무서워 합니다. 무섭고 두려워지면 사람은 무의식적으로 웃어버리는 경향이 있습니다. 어른도 마찬가지입니다. 남한테 미움받는 것이 두려운 사람은 늘 웃음 띤 얼굴로 사람 좋은 표정을 짓습니다. 자신을 지키기 위해 웃는 것입니다.

이런 경우는 일단 야단치는 것을 멈춰야 합니다. 무섭고 두려운 마음이 생기면 아이는 귀도 마음도 닫아버리기 때문에 부모의 마음이 아이한테 전달되지 않습니다. 조금 시간을 두었다가 TV를 보고 있을 때나 식사 중에, 혹은 목욕처럼 아이의 마음이 편할 수 있는 상황에서 얘기를 꺼내세요. 두려움과 무서움이 걷힌 상태이므로 부모의 마음이 자연스럽게 전달됩니다.

## 혼나면서 실실 웃으면 : 4세 이전

## 혼나면서 실실 웃으면 : 5~6세 이후

Q3

아이가 일부러

미운 짓을 합니다.

내가 싫은 걸까요?

A

일부러 미운 짓만

골라 하는 것은

부모한테 보내는 신호입니다.

부모의 관심을 끌려고

그러는 것이죠.

우리 집에는 애완견 한 마리가 있습니다. 이 녀석은 주인의 관심을 받고 싶을 때면 두 가지 행동을 합니다.

하나는 칭찬받을 행동을 하는 것입니다. 예를 들어 가만히 있다가도 갑자기 얌전히 앉거나 손을 내밉니다. 이런 행동을 하면 주인이 좋아할 것을 알고 있기 때문입니다. 또 하나는 장난을 치는 것입니다. 높은 곳에 올라가거나 주인의 발밑에서 장난을 치는 등 일부러 나쁜 짓을 해서 주인이 자신에게 관심을 쏟게 만듭니다. 어느 쪽이든 자신을 봐달라는 신호입니다.

사람도 마찬가지입니다. 관심을 받고 싶어서 무의식적으로 이런저런 행동을 합니다. 아이들은 말을 잘 들어서 부모한테 칭찬받으려고 하거나, 야단맞을 짓을 해서 관심을 끄는 경우도 있습니다. 착하게 구는 것도 나쁘게 구는 것도 사실은 모두 부모한테 보내는 '나를 봐달라'는 신호입니다.

마더 테레사가 "애정의 반대는 무관심"이라는 말을 했습니다. 정말로 부모가 싫으면 부모의 관심 따위는 끌려고 하지도 않을 것입니다. 아이는 부모의 사랑을 받을 수만 있다면 혼나는 것쯤은 무섭지 않아 합니다. 그냥 "엄마 아빠가 좋아요"라고 얘기할 수 있으면 좋겠지만, 그것이 잘 안 됩니다. 그러니 토라져 있거나 눈에 띄는 행동으로 '나를 봐달라'는 신호를 보내는 것입니다.

그럴 때는 아이를 꼭 안아주세요. 그리고 "사랑해, 좋아해, 예뻐"라는 말로 아이의 마음을 다독여주세요. 미운 짓만 골라서 하는 아이일수록 마음속으로는 부모가 손을 내밀어주기를 바라고 있을 확률이 높습니다. 부모가 좋아하는 방식으로 표현하지 못하는 이유가 분명히 있을 것입니다.

꼭 안아줬을 때 처음에는 아이가 저항할 수 있습니다. 못된 장난을 더 심하게 쳐서 부모를 시험할 수도 있습니다. 이때부터는 인내심 싸움입니다. 이 과정을 거쳐 아이 스스로 '나는 부모에게 사랑받고 있다'고 믿고 나면 일부러 야단맞을 짓을 골라서 하는 일은 없을 거예요.

그렇게 되기까지는 부단한 노력이 필요합니다. 휘둘리는 부모도 부모를 시험하는 아이도 무척 힘이 들 테지만, 아이가 겉으로 내뱉는 말이나 태도에 속지 말고 내면에 숨어 있는 '부모에게 사랑받고 싶은 욕구'에 반응해주어야 합니다.

## 아이가 하는 말을 들리는 대로 받아들인다

엄마 너무 싫어!
그런 소리 들으면 엄마는 너무 슬픈데.
너무 싫어.
엄마는 네가 정말 좋은데.
싫어!
'어어머, 어쩜 좋아.'
간지럽혀야지!
거기 서~
싫어.
'엄마는 나를 좋아하는구나. 다행이다.'

## Q4

아이가 생떼를 써서

야단을 치면

'바보!', '죽어버려!' 같은

거친 말로 대꾸를 합니다.

## A

거친 말의 이면에는

아이의 상처받은 마음이

숨어 있어요. 거친 말은 일단

수용하고 아이의 마음에

귀를 기울입시다.

유치원에 다닐 때쯤 되면 아이의 언어능력이 쑥쑥 자라기 시작합니다. 하지만 말은 제법 어른스러워지는 것에 비해 행동은 아직 아기 같아요.

윤우가 그런 아이였습니다. 윤우는 부모의 말을 듣지 않았습니다. 잘되길 바라는 마음에서 부모가 이런저런 얘기를 해주면 심하게 반발하며 "싫어", "역겨워", "죽어버려!"와 같은 말들을 내뱉었습니다. 그 말을 들은 윤우의 부모는 상처를 받아 "시끄러워! 저리 가!"라고 버럭 소리를 질렀다고 합니다.

아이가 하는 말은 경우에 따라 '해석'해서 들을 필요가 있습니다. 그래서 나는 윤우가 무엇을 말하고 싶어 하는지를 알기 위해 윤우 엄마와 대화를 나누었습니다.

나: 윤우가 무엇을 말하고 싶은 걸까요?

윤우의 엄마: 윤우는 '어차피 엄마는 내가 싫은 거잖아?'라고 말하는 것 같아요.

나: 그러면 그때 윤우는 어떤 기분일까요?

윤우의 엄마: 무척 화를 내고 있지만, 이면에 슬픔과 무력감도 있다는 생각이 듭니다.

대화가 마무리될 무렵 윤우 엄마는 눈물을 연신 흘리면서 "저는 아이가 하는 말을 액면 그대로 듣고 아이가 나를 일방적으로 탓한다고 생각해왔습니다. 하지만 그런 것이 아니었네요. 저보다 아이의 상처가 더 큰지도 모르겠네요"라고 말했습니다.

부모를 힘들게 하는 아이는 이미 마음에 상처를 안고 있을 수 있습니다. 그 상처가 버거워지면 '이런 내 마음을 알아주세요', '사랑해주세요'라는 욕구가 마음속에서 우왕좌왕 헤매다가 드센 말이나 거친 태도로 터져 나오는 것입니다.

아이가 반항하면 일단 그 말을 그대로 수용한 뒤에 아이의 얘기를 들어보세요. 예를 들어 "'싫다'고 생각하는구나. 그럼 ○○는 어떻게 했으면 좋겠어?"라고 대응하는 것입니다. 변명을 하거나 억지를 부리더라도 우선은 귀 기울여 들어주어야 합니다. 그리고 아이의 거친 표현을 들었을 때 어떤 기분을 느꼈는지를 솔직하게 전합니다. "그런 말을 들으니 엄마(아빠)는 참 슬프구나"처럼요.

하루아침에 아이의 태도가 변하지는 않을 것입니다. 하지만 미래는 지금 차근차근 쌓는 노력에 달려 있습니다. 더디더라도 아이가 변해가는 모습을 지켜봐주세요.

## 거친 말과 행동 이면에 있는 '생각'을 알아채자

## Q5

아이가 걸핏하면 울어서
조마조마합니다.
어떻게 해야 울지 않을까요?

## A

아이들은 자신의 생각을
충분히 표현하지 못하면
울음을 터뜨립니다.
그럴 땐 아이의 마음을
말로 대신 표현해주세요.

아이가 칭얼대거나 우는 모습을 보면서 느끼는 생각이나 감정은 부모마다 다릅니다. 귀엽다고 느끼는 부모가 있는 반면, 화가 난다는 부모도 있습니다.

한 엄마는 아이가 울면 안절부절못한다고 했습니다. 아이가 왜 운다고 생각하는지를 물어보니 "자기가 원하는 대로 상황을 만들려고 우는 것 같아요", "엄마를 곤란하게 하려고 우는 것 같아요"라고 했습니다. 뒤이어 "이웃사람들이 아동학대한다고 생각할까 봐 걱정이 돼요"라는 말도 덧붙였습니다. 이런 저런 얘기 끝에 "사실은 저도 어렸을 때 엄마한테 '울면 다 되는 줄 알아? 시끄러워. 울지 마!'라는 말을 들으면서 자랐어요"라고 고백했습니다. 즉 '우는 것은 나쁘다'라는 말을 듣고 자랐는데, 엄마가 되고 나니 자신도 아이에게 같은 말을 하고 있다는 것입니다.

아이가 칭얼대거나 울지 않으면 확실히 육아가 편합니다. 하지만 울지 않는 아이는 감정을 억압해 아무것도 느끼지 못하는 상태일 수 있습니다. 이러한 성향이 지속되면 슬픔이나 불안을 느끼지 못하는 것은 물론 행복, 기쁨, 즐거움과 같은 감정도 느낄 수 없게 되어 점점 무표정하고 무덤덤한 아이가 되고 맙니다.

아이들은 자신의 생각을 충분히 말로 표현하지 못하면 우는 경우가 많습니다. 이럴 때는 부모가 아이의 마음을 대신 말해주어야 합니다. 예를 들면 "이 장난감을 가지고 놀고 싶었던 거지?", "모르는 사람이 많아서 놀랐어?", "걸으니까 다리가 아픈 거야?"와 같이 아이를 대신해서 마음을 말로 표현해주는 것입니다.

곧바로 울음을 그치지 않을 수도 있지만 부모가 자기의 마음을 알아준다는 생각이 들면 쓸 데 없이 칭얼거리거나 우는 일은 줄어들 것입니다.

엄마 안아줘.
어정버정
으앙~
쿵쾅
쿵쾅
아이가 뒹굴면서 울 때는 귀가 닫혀 있다.
울음 그치면 네 얘기를 들을게.
으앙~
쿵쾅
쿵쾅
우선 거리를 두자.
훌쩍
훌쩍
아이는 울면서 자신의 기분과 타협을 한다.

실컷
울었어?
무슨 일이야?
아이가
울음을
그치면 꼭
안아주면서
얘기를
들어준다.
동생만
안아줘서
싫었던 거니?
아이의
기분을
말로
표현해
준다.
흑
흑흑
어머머,
무슨
일일까?
아이가
울음을 그치거나
더 심하게 우는
것은 엄마의
말이 마음에
와 닿았다는증거.
엄마~
왜~?
아이가
우는 것은
웃는 것과
마찬가지로
아주 중요한
행동이다.

## Q6

**아이가**

**"싫어!"라는 말만 합니다.**

**너무 버릇없게 키우는 걸까요?**

## A

"싫어!"라는 말은

마음이 편해야 할 수 있습니다.

아이가 "싫어!"라는 말을

마음놓고 한다는 건 육아를

잘하고 있다는 증거입니다.

아이가 세 살쯤 되면 "싫어!"라는 말을 유난히 많이 합니다. 이때가 제1 반항기이며, 유아기에서도 유난히 손이 많이 가는 시기입니다.

부모는 번번이 "싫어!"라고 대꾸하는 아이 때문에 골치 아프겠지만, 부모의 말을 따르지 않게 되었다는 것은 생각이 자라고 있다는 증거이니 '잘 크고 있구나, 다행이다!'라고 안심하길 바랍니다. 제1 반항기가 지나서도 "싫어!"라는 말은 한동안 더 계속됩니다.

나의 블로그에서 방문자들의 검색어 1위는 바로 '여섯 살, 반항기'입니다. 많은 부모가 아이가 여섯 살쯤 되면 부모의 말을 알아듣고 잘 따를 것이라고 생각하다가 그게 아니니까 '도대체 왜?' 하며 인터넷에서 정보를 뒤져보는 것 같습니다.

아이들은 초등학생이 되고 중고등학생이 되어서도 부모의 말을 전부 따르지는 않습니다. 아이에게도 나름의 생각과 좋고 싫음의 기준이 생기기 때문이죠. 그것을 억눌러가며 부모의 기준을 따르라고 강요하고, 아이가 하는 말에 귀 기울여주지 않으면 아이는 도리어 "싫어!"라고 표현하지 못합니다.

부모의 생각과 다르다는 이유로 자신의 생각을 표현하지 못하는 것은 상당히 괴로운 일입니다. 가장 편한 곳이며 "싫어!"

라고 내뱉어도 안심할 수 있는 곳인 집에서조차 솔직할 수 없기 때문입니다.

어른이 되어서도 "싫어!"라는 주장은 살아가는 데 아주 중요합니다. 그런데 그 말을 연습해볼 수 있는 유일한 기회인 부모 앞에서 "싫어!"라고 말할 수 없다는 건 아이의 인생을 놓고 봤을 때 상당한 약점이 될 수 있습니다.

아이에게 집은 자신의 존재가 받아들여지는 '믿음의 장소'입니다. 그렇기 때문에 "싫어!"라는 말을 할 수 있는 것입니다. 그러니 아이가 "싫어!", "안 돼!"라는 말을 한다면 아이가 잘 자라고 있다는 의미로 받아들이세요. 그리고 아이가 떼쓰기 시작하면 진정될 때까지 "○○가 싫은 거구나~" 혹은 "○○를 하고 싶구나" 하며 받아주세요.

Q7

아이가 유치원에서

늘 혼자 놀아요.

너무 쓸쓸해 보여

마음이 무척 아픕니다.

A

정말로 쓸쓸한지는

아이에게 직접 물어보지 않으면

모르는 일입니다. 우선은

혼자 노는 이유를

아이에게 물어보세요.

아이의 성격은 타고난 성품이 가장 크게 작용합니다. 주위 사람들과 어울리는 것이 서툰 아이, 자신만의 세계에 빠져서 노는 것을 좋아하는 아이, 친구들과 함께 노는 것을 좋아하는 아이 등 별의별 성격이 다 있습니다. 이러한 성향은 태어날 때부터 지녔던 개성으로, 이 중에서 어느 것은 좋고 어느 것은 나쁘다고 단정 지을 수 없습니다.

이런 점을 감안한다면, 이 아이는 다른 아이랑 노는 것보다 혼자 노는 것을 더 좋아하는 성향을 타고나서 그렇다고 말할 수 있습니다. 그러니 부모가 '내가 잘못 키운 것은 아닐까?'라고 자책할 필요는 없습니다. 부모가 똑같이 키운 형제도 성격이 정반대인 경우가 종종 있으니까요!

나는 개별상담을 하다가 이런 질문을 받으면 반드시 "혼자 노는 것에 대해서 아이 자신은 뭐라고 말하던가요?"라고 되묻습니다. 그러면 대부분의 부모들이 "아이에게 직접 물어본 적은 없어요"라고 답합니다. '혼자 놀면 쓸쓸하지 않을까'는 부모의 추측입니다. 그러니 혼자 속끓이지 말고 아이에게 직접 물어보세요. 정작 아이는 그저 혼자 노는 걸 좋아하는 성향일 뿐 외롭지도 쓸쓸하지도 않을 수 있습니다.

부모가 한 가지 더 알아두어야 할 것이 있습니다. 친구들과 섞여서 놀게 되기 전에 충분히 혼자 노는 기간을 거쳐야 한다는 사실입니다. 아이들은 자신만의 세계에서 즐겁게 놀면서 친구랑 함께 놀 준비를 차근차근 하기 때문입니다.

그러니 안심하고, 아이의 혼자 노는 시간을 느긋이 지켜봐 줍시다. 개인차는 있지만 타인과의 공감이 싹트는 시기는 보통 대여섯 살 즈음으로, 이 시기가 되면 자연스럽게 친구들과 어울려 놀기 시작할 것입니다. 그전까지는 '우리 아이는 자기만의 세계에서 노는 것을 참 즐거워하는구나!'라고 이해하면 됩니다. 육아는 아이의 속도에 맞춰 천천히 나아가야 합니다.

## 엄마의 시선으로 해석한다

## 아이의 시선으로 해석한다

## Q8

낯가림이 심해
엄마한테서 떨어지질
않습니다. 사회성을 기르려면
어떻게 해야 할까요?

## A

집 밖을 탐험하려면
용기가 필요합니다.
그 용기는 부모에게 받은
안정감에서 나오지요. 그러니
어리광을 충분히 받아주세요.

아이가 낯가림이 심하면 '커서도 이렇게 낯을 가리면 어쩌지?' 라는 걱정이 앞섭니다. 그러나 걱정하지 마세요. 언젠가는 부모 곁을 떠날 때가 올 테니까요. 부모보다 친구랑 노는 게 더 재미있다고 말하는 날이 오기 전에 아이의 사랑과 관심을 즐기면 됩니다.

낯가림이 심한 아이들은 기본 성향이 신중한 편입니다. 낯선 장소나 사람과 맞닥뜨리면 긴장이 되고 불안해서 공포감을 없애고 안정감을 얻을 수 있는 엄마라는 '마음의 안식처'에 달라붙어 떨어지지 않는 것입니다.

아이들에게 '세계'는 곧 '가족'입니다. 특히 신중한 성향의 아이들에게 집 밖으로 나가는 것은 무척 용기가 필요한 일로, 정글로 탐험을 떠나는 기분이 들 수 있습니다. 그래도 두려움을 꾹 참고 용기를 내서 바깥세상으로 나가지만, 불안감을 느끼면 곧바로 엄마가 있는 쪽으로 되돌아왔다가 엄마 곁에서 진정이 되면 또다시 작은 탐험을 나섭니다. 이렇게 아이는 바깥세상과 엄마가 있는 곳을 왔다 갔다 하면서 자신의 세계를 조금씩 넓혀갑니다.

이때 탐험을 떠날 용기의 원천은 부모에게서 받은 안정감입니다. 부모한테 생떼를 쓰거나 억지를 부리고, 때로는 부모를 꼭 껴안고 어리광을 부리면서 다져진 안정감을 통해 바깥세상으로 탐험을 떠날 수 있는 용기와 힘을 얻습니다.

사회성을 길러주고 싶다면 먼저 부모가 아이에게 안식처가 되어주어야 합니다. 아이가 용기를 충전할 수 있게 어리광을 충분히 받아주세요.

## 아이를 억지로 떼어놓으려 한다

지금은 하고 싶지 않구나.
어떻게 하고 싶어?
안아 줘.
'이런 분위기에 익숙해지는 게 먼저야. 조급해하지 말자.'
어머.

## Q9

아이가 자신감이
부족한지 늘 주뼛거리기만
합니다. 씩씩하게 해보라고 해도
좀처럼 움직이지 않네요.

## A

씩씩한 아이로
키우고 싶다면 “강해져라”,
“씩씩해져라”라는 독려 대신
나약한 모습을 인정해주세요.

지안이 엄마가 상담을 요청해왔습니다.

지안이는 일곱 살 난 여자 아이인데, 어느 날 유치원에서 돌아오자마자 울음을 터뜨리면서 친구가 괴롭혔다고 일렀다고 합니다. 지안이 엄마는 답답한 마음에 "친구가 괴롭힐 땐 '싫어, 하지 마'라고 확실하게 말해야 더 이상 괴롭히지 않지"라고 말해주었습니다. 그랬더니 더 울고불고 난리도 아니었답니다. 지안이 엄마는 깜짝 놀라 아이를 꼭 안아주면서 "그 말을 하지 못해 속상한 거지?"라고 위로해주었습니다. 그리고 아이가 하는 말을 잠자코 들어주었습니다. 지안이는 조금씩 평정심을 되찾았고, 지안이 엄마는 "내일 선생님이랑 의논해보겠다"고 말해주었다고 합니다.

이런 경우에는 아이를 질타하기보다는 아이의 생각을 인정하는 것이 용기를 북돋는 데 도움이 됩니다. '신사가 코트를 벗게 하는 것은 세찬 바람이 아니라 따뜻한 햇볕'이라는《이솝 우화》의 교훈을 되새겨보면 쉽게 이해가 될 것입니다. 다만 '다독여줬으니까 씩씩해질 거야'라는 기대는 하지 않는 게 좋습니다. 햇볕도 너무 뜨거우면 화상을 입을 수 있으니까요.

아이를 강하게 키우고 싶을 때 부모가 해서는 안 되는 행동은 다음과 같습니다.

- "울면 안 돼", "불평을 하면 안 돼", "강해져야 해"라면서 야단친다.
- 아이가 노력해도 안 되는 일을 "노력이 부족해서 그렇다"고 단정 짓는다.
- 아이가 괴롭힘을 당했을 때 "네가 약하니까 당하는 거야"라고 나무란다.
- 아이가 도움을 요청했을 때 스스로 어떻게든 해보라고 뿌리친다.

"너는 나약한 아이니까 강해져야 해"라는 말을 듣고 강해지는 아이는 별로 없습니다. 아이의 용기를 키워주고 싶다면 다음과 같이 말해주세요.

- "불안한 거지?"
- "나름 열심히 노력하고 있는 거지?"
- "엄마 아빠가 도와줄 일이 있니?"
- "너라면 할 수 있어. 엄마 아빠랑 함께 해보자꾸나."

부모는 아이가 기댈 수 있는 안식처이며 안전기지임을 잊지 않으면 좋겠습니다. 아이가 부모의 무릎 위에서 사랑을 듬뿍 받고 안정감이 충전되면 서서히 새로운 힘이 솟아날 것입니다.

## 아이에게 강해지라고 요구한다

## 아이의 약한 모습을 인정해준다

## Q10

집에서는 밝고 활기찬데

유치원에 가면 기를 못 펴고

자신 있게 나서지를 못해요.

어떻게 해야 할까요?

## A

다양한 경험을 통해

'해냈어'라는 성취감을 느끼고,

자유로운 미술 활동으로

부정적인 감정을

분출하게 해주세요.

유독 긴장을 많이 하는 아이들이 있습니다. 교사생활을 하며 관찰했더니 그런 아이들은 긴장을 하면 아래의 세 가지 행동 중 한 가지 이상의 행동을 보였어요.

- **몸이 뻣뻣해진다.**
- **짜증을 낸다.**
- **긴장을 달래기 위해 마구 돌아다닌다.**

긴장을 많이 하는 아이들은 감정 표현이 서툴 뿐만 아니라 불안한 감정을 쌓아두는 경향이 있습니다. 그렇기 때문에 위의 세 가지 중 한 가지 이상의 행동을 보이는 것입니다.

선우는 위의 세 가지 행동을 모두 보이는 아이였습니다. 모르는 사람과 만나면 몸이 굳어버리고, 모르는 장소에 가면 여기저기 닥치는 대로 돌아다니거나 괴성을 질렀습니다. 선우 엄마에게 나는 다음과 같은 두 가지 조언을 드렸습니다.

| 조언 1 | **다양한 경험을 쌓게 한다**

다양한 친구들과 만나거나 아이가 관심을 보이는 장소에 데리고 나가는 것이 도움이 됩니다. 이 방법은 "괜찮아, 해보렴"

이라는 말로 경험의 기회를 늘리는 것이 목적입니다. 선우의 경우, 부담되지 않는 선에서 다양한 경험을 하게 했더니 '해보니까 되는구나. 재미있어'라는 생각이 늘면서 낯선 사람을 만나거나 모르는 장소에 갔을 때의 긴장감이 점차 줄어들었습니다.

### | 조언 2 | 부정적인 감정을 분출하게 한다

감정 표현이 서툰 아이에겐 우는 것도 중요한 감정 표현이므로 아이가 울면 그 감정을 인정하고 공감해주어야 합니다.

그림을 그리게 하는 것도 아주 좋습니다. 신문지 위에 커다란 종이를 펼쳐놓고 크레용으로 지금의 기분을 그려보라고 합니다. 아무렇게나 동그라미를 그려도 좋고 들쭉날쭉 제멋대로여도 괜찮습니다. 종이가 새카매질 정도로 색칠만 해도 됩니다. 이렇게 자신의 감정을 모두 분출하고 나면 응어리진 마음이 풀립니다.

반년이 지난 지금 선우는 몰라보게 성장했습니다. 여전히 긴장감 때문에 몸에 힘이 들어갈 때도 있지만 한결 자유롭게 자신을 표현할 수 있는 아이로 자라고 있습니다.

## Q11

아이가 인사를
잘 못합니다. 어떻게 해야
인사를 잘할까요?

## A

인사를 잘 못한다고
혼내지 말고 잘하는 부분을
칭찬해줍시다. 억지로
인사를 시키면 인사하기를
더 거부할 수 있습니다.

부모들이 자주 털어놓는 고민 중에 "우리 아이는 인사를 잘 못해요"가 있습니다. 기분 좋게 인사를 잘하는 것만으로도 사람들에게 좋은 인상을 줄 수 있다는 사실을 알기에 아이가 인사를 잘 못하면 부모는 걱정하게 됩니다.

인사를 잘하고 못하고는 가정교육에 좌우되기보다는 타고난 성향의 영향을 많이 받습니다. 특히 수줍음이 많거나 조용한 성향의 아이에게 인사는 아주 큰 용기가 필요한 일이에요. 그것을 모르고 억지로 인사를 시키면 인사하는 것이 점점 더 싫어지고 맙니다.

인사를 잘하게 하는 요령을 한마디로 정리하면, 인사를 잘하든 못하든 '인사를 못하는 아이'로 대하지 말아야 한다는 것입니다. 그리고 '공감 – 칭찬 – 공헌'의 3단계로 대처하는 것이 좋습니다.

다섯 살 하준이는 인사를 잘 못하는 아이였습니다. 동네 어른들을 만나면 엄마 뒤에 숨어버리곤 했지요. 걱정하는 하준이 엄마에게 나는 3단계 대처법을 알려주었습니다.

### | 1단계 | 아이의 기분을 공감하고 대신 말로 표현해준다

아이가 인사를 전혀 하지 않으려 한다면 우선은 "부끄러워서 그러는구나", "무서워서 그러는구나" 식으로 아이의 기분을 대신 말로 표현해줍니다. 부모의 말에 아이는 자신의 기분을 존중받고 소중하게 받아들여진다고 느낄 거예요. 그런 뒤에는 "괜찮아. 조금씩 할 수 있게 될 거야"라고 말해주세요.

1단계 대처법을 실천했더니 하준이는 동네 사람을 봐도 불안해하지 않았고, 비록 작은 목소리이기는 하지만 인사를 할 수 있게 되었습니다.

**| 2단계 | 인사할 수 있게 된 것을 칭찬한다**

아이가 조금이라도 인사를 할 수 있게 되었다면 잘못한 부분을 지적하지 말고 잘하는 부분에 주목하세요. "예쁘게 미소를 지으며 인사했구나", "머리를 숙이면서 인사할 수 있게 되었구나", "작은 목소리이지만 인사말까지 할 수 있게 되었구나"처럼 말예요. 이제 시작이니 완벽하게 하지 못해도 허용해주고, 아이 나름대로 노력하는 부분을 찾아내 보물이라도 발견한 것처럼 기쁜 마음으로 칭찬하는 것이 중요합니다.

2단계 실천 후에 하준이는 아직 수줍어하지만 시키지 않아도 자기가 나서서 인사할 수 있게 되었습니다.

### | 3단계 | 인사를 통해 사회에 공헌하고 있다는 생각을 길러준다

누가 시키지 않아도 스스로 인사하게 되면 "활기차게 인사하니 기분이 좋지?", "저 할아버지께서 네가 하는 인사를 받고 기분이 좋아지신 것 같지?"처럼 인사는 무서운 일이 아니라 모두를 기분 좋게 만드는 멋진 일이라는 사실을 아이에게 전합니다.

일곱 살이 된 하준이는 이제는 완벽하게 인사를 합니다. 아직 수줍음은 남아 있지만 기분 좋게 인사를 건넵니다. 아이의 변화 속도에 맞춰 천천히 노력한 결과이지요.

'가정교육이 잘못되었다고 생각하면 어쩌지? 좀 더 엄하게 지도해야겠어' 이런 생각에 사로잡히면 가정교육을 잘하는 멋진 부모로 평가받고 싶은 욕구가 더 커져서 아이를 다그치게 됩니다. 그러니 그런 생각이 들면 '부모라서 당연한 거야'라고 받아들이고, 위의 1~3단계를 실천해보세요. 이때 엄하게 야단치며 가르치는 것은 좋은 방법이 아니라는 사실을 반드시 기억해야 합니다.

## 엄하게 인사 교육을 시킨다

## 어떻게 인사하든 칭찬해준다

## Q12

**아이가 친구들의**

**흉을 봅니다.**

**어떻게 해야 할까요?**

## A

우선은 들어주고

아이가 느낀 것을 그대로

받아들이세요. 아이의 말이

끝나면 '나'를 주어로

부모의 생각을 얘기하세요.

아이가 친구들의 흉을 보면 일단은 들어줍니다. "그렇구나. 친구가 싫었겠구나"와 같이 맞장구를 쳐가면서 귀를 기울입니다. 부모 입장에서 이것저것 해주고 싶은 말은 많겠지만 일단은 꾹 참고 아이의 얘기가 끝날 때까지 들어주어야 합니다. 그러면서 아이가 무엇을 느끼고 무엇을 생각하는지를 살핍니다. 그러지 않고 아이가 말하는 도중에 이러쿵저러쿵 간섭하면 아이는 자신이 무엇을 느끼고 있는지도 깨닫지 못하고, 속내를 솔직하게 말할 수 없게 됩니다. 그러므로 부모의 의견은 아이의 말을 끝까지 다 듣고 나서 말하는 것이 좋습니다.

의견을 말할 때는 '나'를 주어로 합니다. "나한테 얘기해줘서 고마워. 그럼 내 생각을 얘기해도 될까? 나는 ~라고 생각해" 식으로 말하는 것입니다.

부모와 자식 간에 생각이 다른 것은 당연한 일입니다. 엄연히 다른 인간이니까요. 하지만 어렸을 때부터 터놓고 얘기를 주고받다 보면 아이와 부모 사이에 신뢰감이 형성되어 성장해서도 대화를 나누는 것이 자연스러워집니다. 상대방을 신뢰하는 자세는 아이가 다른 사람과 인간관계를 맺을 때 중요한 토대가 됩니다.

# 친구를 흉보는 아이를 혼낸다

## 아이가 친구를 흉보더라도 우선은 들어준다

## Q13

아이가

거짓말을 합니다.

어떻게 해야 할까요?

## A

다섯 살 정도까지는 신경 쓰지 마세요.

여섯 살 무렵의 거짓말은 똑똑해졌다는

증거이니 옳고 그름을 가르치는

기회로 삼으세요.

아이들의 거짓말은 연령에 따라 유형이 달라집니다.

우선은, 다섯 살 정도까지는 현실세계와 공상의 세계를 잘 구별하지 못하기 때문에 거짓말을 하게 됩니다. 어쩐지 그럴 것 같아서 말해보는 것입니다. "이다음에 딸기가 되고 싶어요", "나 하와이에 가봤어", "나 천만 원 가지고 있어"와 같은 말이 그렇습니다. 이런 거짓말은 전혀 악의가 없기 때문에 신경 쓰지 않아도 됩니다.

여섯 살 정도쯤 되면 가슴이 철렁 내려앉을 정도의 거짓말을 할 수도 있습니다. 예를 들어 친구의 물건을 마음대로 가져가 놓고는 친구가 줬다고 말합니다. 이 경우 부모는 상당히 큰 충격을 받지만 정작 아이는 혼나는 것이 무서워서 그만 거짓말을 한 것뿐입니다.

여섯 살 이후의 거짓말은 그만큼 똑똑해졌다는 증거로 볼 수 있습니다. 여러모로 생각할 수 있는 나이가 되었다는 의미이기 때문에 아이에게 옳고 그름을 가르칠 기회로 삼아도 됩니다.

예를 들어, 아이가 친구의 물건을 마음대로 가져왔다면 함께 그 친구의 집에 가서 용서를 빌어야 합니다. 이때 부모가 머리를 숙이고 사죄하는 모습을 아이에게 보여줍니다. 그러고 나서 친구의 물건을 마음대로 가지면 안 된다고 진지하게 얘기합니다. 아이는 평소와는 다른 부모의 행동을 보고 자기가 엄청난 일을 저질렀음을 깨닫게 될 것입니다. 굳이 큰 소리로 혼내지 않더라도 부모가 진지하게 말하고 행동함으로써 소중한 교훈을 아이에게 전할 수 있습니다.

## 거짓말을 했다고 아이를 책망한다

## 아이가 마음을 열 때까지 기다린다

## Q14

형제끼리 싸울 땐

어떻게 중재하는 게

좋을까요?

## A

그저 지켜보세요.

의외로 아이들끼리 알아서

잘 해결하거든요. 다만

싸움의 규칙은 미리

정해두는 것이 좋습니다.

아이들의 세계에는 자정작용이 있습니다. 그래서 형제끼리 싸웠을 때 그냥 내버려둬도 문제 되지 않습니다. 서로 엄마 아빠에게 와서 상대방에 대해 불평을 하면 그저 성의껏 들어주면 됩니다. 그것만으로도 아이들 사이에서 생긴 일은 대부분 해결됩니다.

"우리 애들은 제가 중재해주지 않으면 안 돼요"라고 얘기하는 부모들이 있는데, 그 경우에는 아이들이 싸울 때마다 부모가 중재자 역할을 했기 때문입니다. 즉 아이들이 싸우면 엄마나 아빠가 재판관이 되어 누가 더 나빴는지를 판단해줌으로써 싸움이 일단락되는 패턴이 이미 형성되어 있기 때문에 늘 엄마나 아빠가 형제들의 싸움을 중재하게 되는 것입니다.

부모가 중재자나 재판관 역할을 하면 아이들은 부모가 누구 편을 들어주는지에 주목합니다. 그리고 부모가 자기보다 다른 형제의 편을 들어준다고 느끼면 마음에 동요가 일고 '어차피 나는……'이라는 생각을 합니다. 그러니 형제끼리의 싸움은 아이들끼리 해결하도록 두는 것을 원칙으로 해야 합니다. 부모는 싸움의 규칙만 정해주고 지켜보면 됩니다.

싸움의 규칙은 이렇게 정해보세요.

"싸울 때는 가능하면 너희끼리 알아서 해결해. 단, 물건을 던지는 것처럼 폭력적인 행동은 규칙 위반이니 명심하거라. 너희끼리 해결하기에 난처한 일이 생기면 한 사람씩 의견을 들어줄 테니까 엄마(아빠)한테 오도록 해."

물론 규칙의 내용은 집집마다 다릅니다. 특히 남자 형제끼리의 싸움은 육탄전을 방불케 하는 아슬아슬한 장면이 연출되기도 하는데, 위험한 지경에 이르지 않는 한 일단은 지켜보는 것이 좋습니다. 치열하게 싸웠다 해도 시간이 지나면 언제 그랬냐는 듯 재미있게 놀기 때문에 걱정하지 않아도 됩니다.

평소에 사이좋게 놀면 바로 칭찬을 해주세요. "와~ 사이좋게 지내니 엄마 아빠는 참 행복하구나"라고 말예요. 아이들은 부모가 웃는 모습을 무척 좋아합니다. 부모의 말과 행복한 표정을 보며 '우리가 사이좋게 놀고 있으면 모두가 행복하구나'라고 깨닫습니다.

# 형제끼리 싸웠을 때 동생에게는……

뭐 저런 자식이 다 있어?
무슨 일이야?
쟤는 걸핏하면 엄마한테 이른다니까!
동생이 일러서 기분 나쁘지?
막무가내로 내 장난감을 뺏어가지 뭐야.
막무가내로 가져가버리니 화났겠구나.
응.
아이가 말하고 싶은 것을 대신 표현해준다.
다음에 똑같은 일이 또 생기면 어떻게 할 거야?
때리지 않고 '하지 마'라고 말할게.
아이가 스스로 해결책을 찾게 하는 것도 현명한 야단이다.

## Q15

동생이 생기고 나서

큰아이의 태도가 이상해졌어요.

어쩌면 좋을까요?

## A

큰아이와 함께하는

'비밀의 시간'을 만들어보세요.

비밀의 시간은

엄마의 컨디션이 최상일 때

갖는 것이 가장 좋습니다.

둘째를 낳고 나서 큰아이의 태도가 신경이 쓰일 때는 큰아이와 단둘이 지내는 '비밀의 시간'을 만들어보세요. 이 방법은 보육상담사 이와모토 마사카즈 선생님께 배운 방법입니다.

'비밀의 시간'은 긴 시간을 필요로 하지 않습니다. 다만 단둘이 시간을 보내야 합니다. 다른 가족이 함께하면 아이는 다시 형, 오빠, 언니와 같은 역할을 맡게 되기 때문입니다.

'비밀의 시간'은 미리 예고하지 않고 갑자기 시작을 알리는 것이 좋습니다.

"자, 지금부터 '엄마 타임'입니다! 우리 함께 뭘 할까?"

특별한 것을 하지 않아도 됩니다. 집에서 맛있는 과자를 먹으면서 둘이 함께 있는 것만으로도 아주 좋은 '비밀의 시간'이 될 수 있습니다. 여기서 꼭 해야 할 일은 평소 둘째에게 해주던 행동을 그대로 큰아이에게 해주는 것입니다. "엄마 무릎에 앉아보련?", "맛있는 케이크 엄마가 먹여줄까?"와 같은 사소한 행동들 말입니다.

'비밀의 시간'에는 아이가 얼토당토않은 요구를 하더라도 그대로 들어주세요. 아이가 "엄마 이거 해줘"라고 요구하는 것이 있다면 가능한 들어줍니다. '비밀의 시간'의 묘미는 큰아이가 "갑자기 '비밀의 시간'이 시작돼서 깜짝 놀랐어. 하지만 무척 신났어"라고 느끼는 데 있습니다.

'비밀의 시간'이 끝날 무렵에는 이렇게 말해주세요.

"엄마는 다음에도 너와 둘만의 시간을 가지고 싶어. 그러니까 아무한테도 말하지 말고 비밀로 해줄래?"

엄마와 비밀을 공유한다는 것은 아이에게는 '초특급 스페셜 이벤트'인 만큼 아이는 당연히 다음에 있을 '비밀의 시간'을 고대하게 될 것입니다.

'비밀의 시간'은 엄마의 컨디션이 좋을 때 마련해야 합니다. 엄마에게 '비밀의 시간' 자체가 부담스럽거나 기분이 좋지 않으면 아이가 어떤 요구를 해도 기쁘게 들어줄 수 없기 때문입니다. 그러니 엄마의 컨디션이 최상일 때 '비밀의 시간'을 만들어보세요.

## 큰아이가 소외감을 느끼면 이렇게 마음을 채워주자

서프라이즈
'엄마 타임'은
큰아이가
만족감을 얻을
수 있는 시간이다.
'엄마 타임'
할까?
동생이
하는 것처럼
어리광을
부리게도
하고
엄마를
독점해서
놀고 있다고
느끼게 하자.
엄마,
나랑 함께
놀자.
마음이 충전된
큰아이는 동생을
상냥하게 대한다.

## Q16

아이의 어리광을

어느 선까지

받아주어야 할까요?

## A

아이가 아직 어리다면

어리광을 한껏 받아주세요.

자기긍정감이 높아져

자립심의 토대가 됩니다.

아이가 자립하는 것은 부모의 바람이며 육아의 종점입니다. 자립심을 길러주려고 아이를 엄하게 대하는 부모들이 있는데, 엄하게 대하는 것이 참된 자립으로 이어지지는 않습니다. 외히려 자기긍정감을 낮추고 무엇이든 혼자 처리하고 어떤 경우에도 다른 사람에게 폐를 끼치지 않으려는 성격으로 이어집니다. 그것은 진정한 의미의 자립이라고 할 수 없습니다. 제대로 자립한 사람은 자기긍정감이 높고 곤경에 처했을 때 도와달라고 요청할 줄 압니다.

아이는 어른과 달리 못하는 것들이 무척 많습니다. 그러니 도움이 필요하면 도와주고 어리광을 부리고 싶어 하는 마음도 받아주면서 자기긍정감을 키워주어야 합니다. 자기긍정감이 낮으면 좀처럼 남에게 기대지 못합니다. 자신을 믿지 못하고 좋아하지도 않기 때문에 늘 다른 사람의 입장에서 그들이 필요로 하는 사람이 되려고 하고, 높이 평가받지 못하면 살아갈 가치가 없다고 단정지어버립니다.

자기긍정감엔 어리광만 한 것이 없습니다. 그러니 아이가 어리광을 맘껏 부리게 허용해주세요. '나는 모든 사람에게 사랑받고 있다'는 마음이 단단히 자리 잡아야 참된 자립을 할 수 있습니다.

엄마,
이제 그만
쳐도 되지?
너무 피곤해.
뭐? 이제
5분밖에
안 지났는데
…….
아이들은
어른처럼
오랜 시간
집중하지 못한다.
더는
못 하겠어.
'집중력이
떨어
졌구나.'
꽈당
아이들이
집중력을 발휘할
수 있는 시간은
5~10분 정도다.
공부도 그
특성에 맞춰
하는 것이 좋다.
간식 먹고 나서
다음 곡 칠까?
응.
'뭐,
이 정도로
만족해야
겠지.'
야호!
오랫동안
연습시키고
싶다면 도중에
휴식시간을
만들자.
맛있었지?
조금만 더
힘내서
쳐볼까?
네!

Q17

'인정해주자', '칭찬해주자'

다짐은 하는데 결국 못 하고 맙니다.

왜 그럴까요?

A

자신에 대한

채찍질에서 졸업하세요.

엄마가 먼저 자신을 인정하고

칭찬해주어야 아이를 인정하고

칭찬할 수 있습니다.

"아이를 인정하고 당연한 일을 해도 칭찬해주라는 얘기를 들으면 왠지 모르게 반항심이 생겨요"라고 상담을 해오시는 분들이 종종 있습니다. 그런 감정에 사로잡힌다고 해서 부모 자격이 없는 것이 아닙니다. 그 감정은 누구나 느낄 수 있습니다.

그럴 때는 자신의 마음이 어떤 상태인지를 들여다보아야 합니다. 어쩌면 '칭찬하거나 인정해주면 아이가 어리광을 부리거나 우쭐해지거나 태만해질 것 같아'라는 생각이 깔려 있을 수 있기 때문입니다.

이런 고민을 하는 부모들은 대체로 자신에게 엄격하고 뭐든지 열성적으로 하며 지는 것을 굉장히 싫어하고 약점을 보이기 싫어합니다. 이전에 어떤 엄마가 "저는 칭찬을 받은 적이 없기 때문에 계속 성장할 수 있었어요"라고 말씀하셨으나 그것은 본심이 아닐 수 있습니다. 왜냐하면 "넌 아직 멀었어. 좀 더 열심히 해야겠어"라는 말을 듣고 힘이 나는 사람은 거의 없기 때문입니다. 성장하는 과정에서 누군가는 분명히 인정해주었을 것입니다.

아이를 칭찬하려는데 '나는 이 아이보다 훨씬 더 열심히 했어, 칭찬 같은 거 받지 않았어도 이를 악물고 노력했어'라는 생각이 드는 것은 자신의 노력에 대해 칭찬을 못 받아서 서럽고 슬픈데 아이를 칭찬하려니 칭찬받는 아이가 부럽기 때문입니다. 사실은 나도 칭찬받고 싶었고 열심히 하는 것을 인정받고 싶은 것입니다. 자신의 마음에 그러한 욕구가 있음을 스스로 받아들이고 나면 마음이 편해집니다.

그러니 부모 스스로 자신을 더 인정해줍시다. 아무리 노력해도 부족하다는 채찍질로부터 졸업해야 합니다. "나는 참 열심히 사는구나"라고 자신을 칭찬하고 인정하세요.

사람은 경험한 대로 다른 사람들을 대합니다. 자신을 인정하게 되면 자녀를 인정하는 마음도 곧 생길 것입니다. 그리고 칭찬도 할 수 있게 될 것입니다.

엄마, 나 달리기 3등 했어.
겨우 3등 한 것 가지고 기뻐하는 거니?
더 열심히 노력해서 다음에는 1등 하도록 해.
열심히 했는데 …….
'사실은 결과가 아니라 노력을 칭찬해주고 싶었는데 …….'
'칭찬해줘야지 생각은 하는데 말로는 못 하겠어.'
마음이 편치 않아.

'그 정도 가지고
칭찬을 받다니,
뻔뻔한 거 아냐?
난 더 열심히 했어도
칭찬을 못 받았는데.
분한 마음이 들어.'
개운치 않은
이 기분~
이건 내가
어렸을 때
느꼈던
생각
내가 초등학교 때
달리기 시합에서
2등 한 적이
있었다.
조금만 더
열심히
했으면
1등 했잖니?
……
참 슬펐지?
그 시절의
나.
응,
생각해줘서
고마워.
아까는
미안했어.
달리기
열심히 했구나.
응.

## Q18

나의 육아 방식이

잘못된 건 아닐까,

문득문득 불안합니다.

## A

육아에는

정답도 오답도 없습니다.

실패해도 괜찮습니다.

다양하게 시도하세요.

"저의 육아 방식이 잘못된 건 아닐까요?"

이런 고민을 하는 부모들이 많습니다. 그 이유는 무엇일까요?

역술인 친구한테서 들은 이야기인데, 점집에는 "당신은 틀리지 않았어요"라는 말을 듣고 싶고 확인하고 싶어서 오는 사람들이 적지 않다고 합니다. '내가 옳아'라는 자신감을 가지고 싶은 것입니다. "저의 육아 방식이 잘못된 건 아닐까요?"라는 질문도 이러한 심리와 일맥상통한다고 볼 수 있습니다.

육아에는 정답도 오답도 없습니다. 육아라는 것은 목숨을 건 승부는 아니지만 바둑이나 장기처럼 잘못되었다고 해서 무를 수도 없는 '연습 없는 실전'이나 다름없습니다. 게다가 첫아이가 태어났을 때 부모는 육아 초년생입니다. 모두들 "이렇게 해도 될까?"라고 갈피를 못 잡고 헤매면서 아이를 키웁니다. '내가 아이를 잘못 키우고 있는 것은 아닐까' 하고 자신감이 떨어진 이면에는 실패하고 싶지 않다는 생각이 깔려 있을지도 모릅니다.

하지만 다행히 아이들은 생존 능력을 가지고 태어납니다. 매뉴얼이 없어도, 부모가 육아에 자신감을 갖고 있지 않더라도 어김없이 잘 자라는 것은 아이의 생존 능력이 큰 몫을 합니다.

살다 보면 아이와 싸울 때도 있고 가정교육을 어떻게 해야 좋을지 몰라 고민할 때도 있습니다. 이 모든 것이 실험입니다. 실패를 두려워하지 말고 다양하게 시도해보길 바랍니다. 효과가 신통치 않다는 생각이 들면 '우리 아이한테는 맞지 않는 방식이구나'라고 판단하고 다른 방법으로 해보면 됩니다.

'나름대로 열심히 키웠는데 아이가 자라서 불평을 하면 어쩌나' 하고 미리 두려워하는 부모들도 있는데, 만약 아이가 어른이 되어 불만을 말하면 그때는 "미안해"라고 건네면 그만입니다. 그리고 "엄마 아빠는 나름대로 너를 소중하게 키웠단다"라는 말도 덧붙이세요.

시행착오를 거듭하면서 아이를 키워왔다는 사실은 누구보다 부모 스스로 잘 압니다. 내 아이가 나의 육아 방식을 높게 평가해주지 않아도 괜찮습니다. 부모 스스로 자신의 육아 흔적을 인정하면 그만입니다.

Q19

남편과

육아에 대한 생각이

달라서 고민입니다.

A

아빠와 엄마가

생각이 다른 게 당연하죠.

하지만 아이를 잘 키우고 싶은

마음은 같습니다.

각자의 방식으로 접근하세요.

아빠와 엄마가 서로 의견을 주고받아서 육아 방식을 하나로 통일해야 한다고 생각하는 부모들이 많습니다. 하지만 부부의 의견을 통일하는 것은 무리입니다. 아무리 서로의 의견을 주거니 받거니 해도 평행선을 유지하게 됩니다. 개중에는 서로 자신의 주장만 내세우다가 부부 사이까지 나빠지는 경우도 있습니다.

부부가 육아 방식에 대해 생각이 다른 것은 '옳고 그름'에 대한 견해가 다르기 때문입니다. 옳고 그름은 상식이 아니라 개인의 선택이기 때문에 사람마다 다른 것은 당연한 일입니다. 게다가 선호하는 방식도 서로 다릅니다.

예를 들어 엄마들은 남편의 육아 방식이 너무 강하다고 느끼는데, 이것은 어쩔 수 없는 현상입니다. 남성은 본능적으로 수직형 사회에 익숙해서 강할수록 정점에 서는 피라미드 구조의 사회에서 살아남는 방법을 선호합니다. 남자 아이들이 전쟁 소재의 애니메이션과 게임을 좋아하는 것도 강한 것을 동경하기 때문입니다. 가족 중에 보스는 아빠입니다. 부성의 상징은 강함입니다. 그렇기에 모성과는 다른 엄격함으로 교육할 수 있음을 인정해야 합니다.

서로 생각이 다르더라도 아빠와 엄마가 아이를 잘 키우고자

하는 마음은 똑같습니다. 그러니 "엄마는 이렇게 생각해", "아빠는 이렇게 생각해"라고 서로의 가치관을 아이들에게 솔직하게 이야기해주면 어떨까요? 그러면 아이는 자기가 좋아하는 가치관을 선택할 것입니다.

어느 쪽이 옳은지를 두고 부부가 싸우는 모습을 아이들에게 보이기보다는 솔직한 편이 훨씬 낫습니다.

## 각자 자기가 옳다고 주장한다

## 서로의 육아 방식을 인정한다

## Q20

육아서를 읽을 때마다

혼나는 것 같고,

나 자신에게 실망하게 됩니다.

## A

자신을 나무라서 좋을 것은 없습니다.

게다가 육아에는 정답이 없어요.

지금의 자리에서 할 수 있는

것을 해나가면 됩니다.

초등학교나 유치원에서 강연을 하다 보면 "육아 관련 강연회에 가면 늘 혼나는 것 같은 기분이 들어요. 그런데 와쿠다 선생님의 강연은 처음으로 위축되지 않고 들을 수 있었어요"라고 말하는 부모들이 있습니다. 강연을 할 때 실패담을 많이 얘기해서 그럴까요?

이 책을 읽으면서 혼나는 기분을 느낀 부모들이 있을지도 모르겠습니다. 그렇다면 그 기분을 부정하지 말고 그대로 받아들이길 바랍니다. 그리고 자신을 어루만져주세요. 아이를 사랑하고, 아이를 잘 키우고 싶고, 좋은 부모가 되고 싶다는 마음이 커서 스스로를 나무라는 것이니까요. 특히 세 살배기 아이를 기르고 있거나 자녀가 많으면 하루하루가 전쟁을 치르는 기분일 것입니다. 아무리 안 그러려고 해도 걸핏하면 아이에게 화를 내거나 혼내고, 아이의 행동이 곧바로 개선되지 않아서 애가 타고 초조할 때가 많을 것입니다. 그렇더라도 이 시기는 어떻게든 버텨내야 합니다.

육아를 하다 보면 참고 견디고 버텨야 하는 시기가 있습니다. 그런 시기에는 무리하게 자신을 채찍질하기보다 지금 할 수 있는 일을 가능한 범위 내에서 차근차근 해나가면 됩니다. 터널을 지나갈 때처럼 언젠가는 빛이 보일 거예요.

Q21

주위에서 양육에 대해

다양한 조언을 해주는데,

어느 것이 맞는지 헷갈립니다.

A

주변의 의견은

참고사항 정도로 생각합시다.

아이를 어떻게 키울지는

부모인 자신이 정하면 됩니다.

유명한 일화 하나를 소개하겠습니다.

아버지와 아들이 당나귀를 끌고 가는데 지나가던 사람이 "당나귀 등에 짐이 없는데 왜 타고 가지 않느냐"고 물었습니다. 그 말을 듣고는 아버지가 당나귀 등에 올라타고 아들이 당나귀를 끌고 가기로 했습니다. 그런데 잠시 뒤에 또 다른 행인이 "어린 아들을 걷게 하고 아버지가 타고 가다니 참으로 못된 부모요"라고 비난했습니다. 그 말을 듣고 이번에는 아들이 당나귀 등에 올라타고 아버지가 당나귀를 끌고 갔습니다.

그러자 이번에는 "자식이 당나귀 등에 타다니 부모를 공경하는 마음이 모자라구료" 하고 비난했습니다. 하는 수 없이 아버지와 아들이 함께 당나귀 등에 올라탔습니다. 그러자 "당나귀가 불쌍하네요"라고 말하는 사람이 나타났습니다. 아버지와 아들은 당황해서 당나귀 등에서 내려 당나귀를 메고 걸어갔습니다. 그랬더니 걷는 동안 피로가 너무 쌓여 그만 발을 헛디뎌 미끄러졌고, 그 바람에 당나귀를 강에 빠뜨리고 말았습니다.

이 아버지와 아들이 건강도 잃고 당나귀까지 잃은 원인은 무엇일까요? 그것은 주위 사람들의 의견만 듣고 정작 자신들이 어떻게 하고 싶은지에 대해서는 생각을 하지 않았기 때문입니다. 부모를 공경할 것인지, 자식을 위할 것인지, 당나귀를 활용할 것인지, 당나귀를 측은하게 여길 것인지를 둘이 상의해 결정하고 그 결정대로 행동했다면 건강과 당나귀를 모두 잃는 불행은 겪지 않았을 것입니다.

육아도 마찬가지입니다. 부모는 육아에서 무엇을 가장 중요하게 여길지에 대해 확실하게 정해야 합니다. 어떤 아이로 키우고 싶은지, 아이에게 무엇을 해주고 싶은지를 말입니다.

주위 사람들이 조언을 해주면 우선은 웃으면서 고맙다는 인사를 건네세요. 상대방의 기대에 부응하려고 애써 힘쓰지 않아도 됩니다. 자신의 아이를 어떻게 키울지는 자신이 결정하는 것입니다.

## 주위 사람들의 조언에 휘둘린다

# 주위 사람들의 조언은 참고만 한다

## Q22

친정엄마는 “안아주면 버릇 되니

너무 안아주지 마라”고 하십니다.

정말 그럴까요?

## A

안아주는 것은

안정감의 근원입니다.

안아주면 버릇 된다는 말에

너무 신경 쓰지 마시고

충분히 안아주시기 바랍니다.

우리 부모님 세대의 모자수첩에는 '안아주는 버릇을 들게 하면 안 된다', '모유보다 분유', '젖떼기는 빠를수록 좋다'는 내용이 있었다고 합니다. 지금과 육아 상식이 무척 달랐죠.

'안아주는 버릇을 들게 하면 안 된다'는 생각은 1940년대에 발간된 유명한 육아서 《스포크 박사의 육아전서》(벤자민 스포크)를 통해 널리 퍼졌습니다. 하지만 그 후 미국에서는 오히려 '안아주지 않고 키우면 아이의 정신 발달에 악영향을 미친다'는 주장이 제기됐고, 스포크 박사도 '아기가 울면 안아주라'고 고쳐 적었다고 합니다.

'사일런트 베이비'라는 말이 있습니다. '감정 표현을 하지 않는 아이'를 가리키는 말로, 말을 잘 걸어주지 않고 스킨십도 해주지 않을뿐더러 울어도 안아주지 않고 키운 결과입니다. 사일런트 베이비는 잘 울지 않고 짜증을 부리지도 않아 기르기 쉬운 아이처럼 보이지만, 자신의 기분을 표현하지 못하는 아이로 자랄 위험성을 안고 있습니다.

육아에서 안아주는 것은 아이에게 안정감을 주고 마음을 충전시켜주는, 대환영받아야 할 육아법입니다. 어떤 상황에서든 안아주면 아이는 마음이 건강한 어른으로 자라납니다.

## '안아주면 버릇 된다'는 말에 예민하게 반응한다

상식은 바뀌는 법이다.
후일 우리에게
손주가 생기면
우리 육아 방식을
강요하지 말고
지켜봐주자.

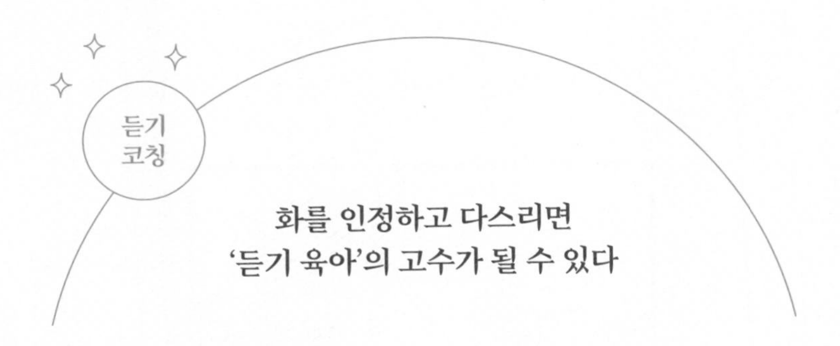


## 화를 인정하고 다스리면 '듣기 육아'의 고수가 될 수 있다

"나도 모르게 아이에게 자꾸 화를 냅니다."
부모들에게 자주 받는 질문 내용도, 강연을 의뢰받을 때 가장 많이 거론되는 주제도 바로 '화를 내지 않고 아이를 기르려면 어떻게 해야 하는가'입니다. 그만큼 화내는 것에 대해 고민하는 부모들이 많다는 뜻이겠죠.
살면서 절대로 화를 내지 않는다는 것은 있을 수 없는 일입니다. 누구든 많든 적든 아이한테 화를 냅니다. 감정을 드러내고 화를 내는 것은 아이한테 화를 내도 아이가 부모인 나를 미워하지 않을 것이라는 믿음이 있기 때문입니다.
실제로 부모와 자식 간에 신뢰감이 형성되어 있다면 다소 화를 내도 관계가 깨지지 않습니다. 그렇기 때문에 화를 내지 않도록 노력하기보다는 신뢰를 쌓는 것에 에너지를 더 쏟아야 합니다. 만일 아이한테 너무 화를 냈다고 생각되면 진심으로 사과하세요. 그리고 앞으로 이와 똑같은 일이 생긴다면 어떻게 할지에 대해 생각해보세요.
하나 더 생각해볼 문제가 있습니다. 화가 치밀어오를 때는 그 이면에 깊은 슬픔이나 엄청난 두려움이 숨어 있는 경우가 많습니다. 예를 들어 자신의 의견을 거부당한 것 같아 슬펐다든지, 다른 사람에게 폐를 끼치게 되는 것은 아닐까 하는 생각이 두려움으로 변했다든지 하는 경우입니다. 그러니 아이를 보며 안절부절못하고 짜증이 났다면 나중에 되짚어 보고 자신과 대화를 나눠 이면에 숨은 자신의 기분을 이해하는 것이 좋습니다. 무엇 때문에 화가 났는지를 알게 되면 짜증의 횟수나 강도도 줄어들 것입니다.

화를 다스리고 나면 아이의 얘기에 귀 기울이는 것이 한결 수월해질 것이며, 자연스레 아이와의 신뢰도 돈독해질 거예요.

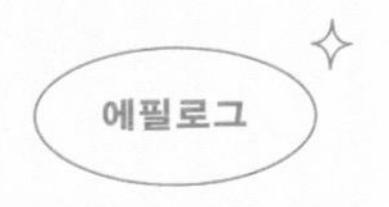


# 행복한 육아는 아이와 마주 보는 것에서 시작된다

이 책에서 말하고 싶었던 것은 '착한 아이'를 키우는 방법이 아닙니다. 아이들 모두가 자신만의 꽃을 피우며 자랄 수 있는 방법을 대화법의 측면에서 적어놓은 것입니다.

대화를 할 때 가장 기본이 되는 것은 '듣기', 즉 경청입니다. 아이들은 표현이 서툴러 부모가 기다려주고 귀 기울여 들어주지 않으면 마음껏 생각을 펼치지 못한 채 마음에 상처를 받기 쉽습니다. 그래서 나는 이 책을 통해 '듣기 육아'를 제안한 것입니다. 완벽한 육아를 목표로 한 육아법이 아니라 '자녀를 즐겁고 행복하게 키우기 위한 조언'으로 보시면 좋겠습니다.

마지막으로, 야마구치현의 한 교육자가 제창한 '육아 4훈'을 소개합니다.

**• 유아기에는 엄마의 살에서 떼지 마라.**

- **아동기에는 엄마의 살에서 떼어내고 손을 떼지 마라.**
- **청소년기에는 엄마의 손에서 떼어내고 눈을 떼지 마라.**
- **청년기에는 엄마의 눈에서 떼어내고 마음을 떼지 마라.**

아이를 키울 때는 자녀의 발달 시기에 맞게 조금씩 거리를 유지해야 합니다. 반면에 어디에 있든 자녀와 연결되어 있다는 것을 잊지 말아야 합니다. 부모와 자식은 무슨 일이 있어도 부모와 자식입니다. 친구는 떠날 수 있어도 부모와 자식의 인연은 평생 이어집니다.

나 역시 육아를 하는 엄마입니다. 내 딸은 '손에서 떼어내고 눈을 떼지 말아야 하는' 시기가 되었습니다. 늘 고민하고 시행착오를 겪으면서 아이와 마주하고 있습니다. 실패의 연속이지만 아이한테서 배우는 것도 많습니다. 아이와 마주 보는 것은 자신과 마주 보는 것과 같습니다. 육아는 바로 부모 자신을 기르는 것이라고 생각합니다.

많은 부모가 이 책을 읽고 행복한 육아를 하길 바랍니다.

와쿠다 미카

MEMO

MEMO

# 왜 나는 아이의 말을 들어주지 못했을까?

초판 1쇄 발행 | 2021년 12월 1일

**지은이** | 와쿠다 미카
**옮긴이** | 오현숙
**발행인** | 이종원
**발행처** | (주)도서출판 길벗
**출판사 등록일** | 1990년 12월 24일
**주소** | 서울시 마포구 월드컵로 10길 56(서교동)
**대표 전화** | 02)332-0931 | 팩스 · 02)323-0586
**홈페이지** | www.gilbut.co.kr | 이메일 · gilbut@gilbut.co.kr

**기획 및 책임편집** | 최준란(chran71@gilbut.co.kr) | **디자인** · 강은경 | **제작** · 이준호, 손일순, 이진혁
**영업마케팅** · 진창섭, 강요한 | **웹마케팅** · 조승모, 황승호, 송예슬 | **영업관리** · 김명자, 심선숙, 정경화
**독자지원** · 송혜란, 윤정아

**편집 및 교정** · 장도영 프로젝트 | **전산 편집** · 박은비
**CTP 출력 및 인쇄** · 대원문화사 | **제본** · 신정제본



ISBN 979-11-6521-782-2 03590
(길벗 도서번호 050185)

---



• 이 책은 2016년에 출간된《미운 네 살 듣기육아법》을 재출간한 것입니다.